图解
女装制板与缝纫
入门

何歆　张灵霞　主编

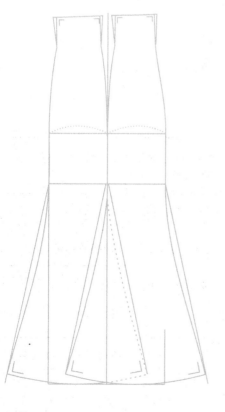

U0231120

化学工业出版社

·北京·

内 容 简 介

本书通过典型款式对系列女装制板做了深入的案例剖析。主要内容包括半身裙、女裤、女上装、时尚女装的结构设计和缝制要点，以及女装综合板型实例等。本书理论和实际应用结合紧密，在系列样板设计上总结出实用性很强的应用方法，具有一定的启发性。

本书可作为服装专业教材，也可作为服装企业女装制板、工艺及生产管理等人士学习或服装爱好者的自学用书。

图书在版编目（CIP）数据

图解女装制板与缝纫入门/何款，张灵霞主编. —北京：化学工业出版社，2020.11（2024.8重印）
ISBN 978-7-122-37979-5

Ⅰ.①图… Ⅱ.①何… ②张… Ⅲ.①女服-服装量裁-图解②女服-服装缝制-图解 Ⅳ.①TS941.717-64 ②TS941.63-64

中国版本图书馆 CIP 数据核字（2020）第 223251 号

责任编辑：张　彦　　　　　　　　　　文字编辑：郝芯绁　陈小滔
责任校对：王　静　　　　　　　　　　装帧设计：王晓宇

出版发行：化学工业出版社（北京市东城区青年湖南街 13 号　邮政编码 100011）
印　　装：北京建宏印刷有限公司
787mm×1092mm　1/16　印张 15¼　字数 340 千字　2024 年 8 月北京第 1 版第 3 次印刷

购书咨询：010-64518888　　　　　　　售后服务：010-64518899
网　　址：http://www.cip.com.cn
凡购买本书，如有缺损质量问题，本社销售中心负责调换。

定　　价：59.00 元

前 言

　　服装是技术与艺术的结晶，女装是生活与美学相结合的产物。女装造型是在形态设计基础上综合构思的造型形式，其中包括：形、色彩、材料肌理、工艺技术、结构及装饰等多种形式要素的设计。

　　现代服饰设计不仅仅指视觉上可以感知的形和色，还包括思维方式、生活方式、使用方法等看不见的部分，它们也在设计范畴的考虑之中，是设计师追求心灵、形态美的物化表现。

　　我国是具有几千年历史的文化古国，各民族有着灿烂的服饰文化，尤其是改革开放后，我国服装工业有了飞速发展。为了美化人民生活，为我国服装事业做贡献，作者以十几年来的工作经验为基础编写了本书。

　　本书主要内容包括女性人体结构与服装结构设计理论、半身裙的结构设计与缝制要领、女裤的结构设计与缝制要领、女上装的结构设计与缝制要领、时尚女装款式设计图解、女装综合板型设计。编写中注重实用原则，详细阐述了常用款式裁剪制板、款式变化原理。

　　本书最大的特点是由浅入深逐一讲解女装结构与缝纫要点，力求讲细、讲精、通俗易懂，真正做到理论与实践相结合。除特别标注外，图中数字均以厘米（cm）为单位。

　　本书由何歆、张灵霞主编，王文杰、吴璞芝、马丽群副主编，孟丽华、李丹月、王雪梅、王静芳参编。在编写过程中得到了服装行业的朋友们、学校的师生们的大力支持，在此一并表示感谢。如编写过程中有遗漏、不妥之处，欢迎各位同仁和广大服装爱好者批评指正，不胜感谢！

编　者

2020 年 12 月

目录

第一章
女性人体结构与服装结构设计理论

　　服装是遮盖在人体外部的物品，现代服装除了具有保暖、遮羞的功能，还具有对人体的美化、修饰作用。服装的构成、造型已不仅是依据服装的裁剪、数据、公式等，更加注重的是研究服装的服务对象——人体。结构设计所产生的"基本纸样"实际上是对标准人体的立体形态作平面展开后获得的平面图形。因此，服装构成的人体工学是研究人体外在特征、运动机能和运动范围对服装结构影响变化的学问，它是服装造型结构和功能结构设计的理论基础。只有掌握了这一理论，才可以从根本上理解纸样设计的原理和实质，并能更加有效、更加灵活地运用结构原理指导设计工作，制作出符合人体机能的服装。

第一节
女性人体结构特征

一、人体比例、骨骼、肌肉的生理状态

　　骨骼、肌肉和皮肤是构成人体的三大基本要素，是决定人体体型特征的基本因素。人体骨骼由 206 块不同形状的骨头组合，组成人体的结构框架。骨骼由关节连接在一起，既对体内器官起到保护作用，又能在肌肉伸缩时起到杠杆原理作用。骨骼决定着人体的外部形体特征，制约着人体外形的体积和比例。人体区域通常由人体中相对稳定的部分组成，形成大的体块。这些体块由关节或支撑点连接着，我们把连接体块的部分叫作连接点，连接点运用在结构设计时，强调的是结构的内在功能性。骨骼的外面是肌肉，其作用是配合不同功能的骨骼在关节的作用下做屈伸运动。人体的肌肉中，许多表层肌和皮肤连接，直接表现为人体外形，一些深层肌也直接或间接地影响着人体的外形特征。因此，研究肌肉连接系统的构成特征，对服装造型结构的理解和设计有直接的指导作用。基本纸样的分割片、省缝和结构线的设计都是依此进行的。皮肤则是作为保护

层覆盖人体，形成人体的体表，一般不会造成人体表面形体的大起大落，但是皮下脂肪的增多或减少会影响人体正常的外部特征，这是需要注意的问题。

（一）人体的比例关系

服装结构对人体比例的研究，主要是针对标准化的人体比例加以说明。它是集中了各种人体优良的因素，形成理想化的体型，因此标准的人体比例不等于具体某个人的比例，但它又适合于每个具体的人。

人体的比例包括人体总体长、总体宽比例和各部位间的相关比例，这些比例是构成人体体型特征的重要因素。服装结构设计中的有关比例设计，都以人体比例为基准，掌握人体比例是很有必要的。人体各部比例，一般以头高为单位计算。但因种族、地域、年龄、性别的不同而有所差异。通常划分为两大比例标准：亚洲型七头高的成人人体比例和欧洲型八头高的成人人体比例。因为这是正常成人体型的标准比例，所以这两大比例关系应用最为广泛。

1. 七头高人体比例关系

七头高比例关系是黄种人的最佳人体比例，根据地域、种族等因素的不同稍有差异，如日本和我国南方沿海地区的人体比例标准不足七头，而我国东北地区的人体比例接近八头比例。因此在应用七头比例时不能绝对化，同时可以依此比例推出作用于纸样设计的比例关系和范围。

七头高人体比例的划分，从上至下依次为头部的长度、颌底至乳点连线、乳点连线至脐孔、脐孔至臀股沟、臀股沟至髌骨、髌骨至小腿中段、小腿中段至足底。在七头高比例中，人体直立，两臂向两侧水平伸直时，双手指尖端点间的距离约等于身高，也就是七个头长。这种比例关系亦适用于欧洲型八头高的人体比例，即两臂水平伸直，双手指尖端点间的距离等于八个头长。人体直立，两臂自然下垂时，肘点和尺骨前点大约分别与腰节和大转子相重合。另外，肩宽为两个头长，即两肩点间的距离等于两个头长；从腋点至手指端点约为三个头长；下肢从臀股沟至足底为三个头长（图1-1）。

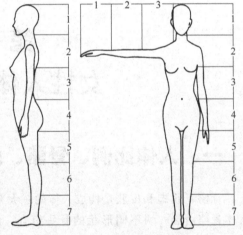

图1-1　七头高人体比例

每个年龄段的比例特点是不同的，上面所提的这种比例是指成年人的标准人体比例，应用范围最为广泛。如果对成年以前年龄阶段有所选择，则要了解不同年龄阶段的比例特点（图1-2）。

2. 八头高人体比例关系

八头高人体比例是欧洲人的比例标准，划分从上至下依次为头的长度、颌底至乳点连线、乳点连线至脐孔、脐孔至大转子连线、大转子连线至大腿中段、大腿中段至膝关节、膝关节至小腿中段和小腿中段至足底。八头高人体比例是最理想的人体比例，这是

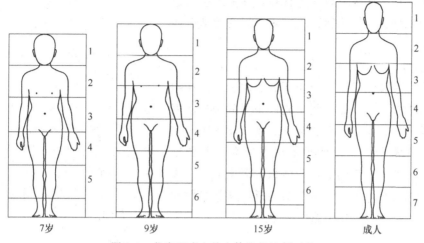

图 1-2 儿童至成人的人体头长比例对比

因为八头高比例的人体和黄金比有着密切的关系。八头高比例并不是在七头高比例人体的基础上平均追加比值的，而是在腰节以下范围内增加了一个头的长度。八头高人体的比例关系，上身与下身之比是 3：5；下身与人体总高之比是 5：8，这两个比值与黄金比值相吻合（图 1-3）。

3. 人体比例与结构设计的关系

在亚洲型七头高比例体型中为了有效地美化人体，在外衣的结构设计中提高腰线是通用的改善上身与下身接近黄金比例的修正手法。

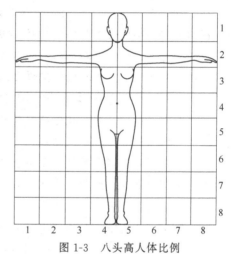

图 1-3 八头高人体比例

（1）上、下身比例 以脐孔为界，上下身比例应为 5：8，符合黄金分割定律。

（2）肩宽 约等于胸围的一半减 4cm。

（3）颈围 颈的中部最细处的尺寸与小腿围基本相等。

（4）胸围 约为身高的一半。

（5）腰围 比胸围小约 18cm。

（6）臀围 比胸围大约 6cm。

（7）大腿围 比腰围小约 15cm。

（8）小腿围 比大腿围小约 20cm。

（9）足颈围 比小腿围小约 10cm。

（10）上臂围 约等于大腿围的一半。

（二）人体四大区域划分

人体由头部、躯干、上肢和下肢四大区域构成。在各区域中又可分别划分出主要的组成体块，这些体块呈现固定状态，并由连接点连接，形成依据人体构造和运动规律所制约的动态体（图1-4）。

1. 头部

头部在服装纸样设计中涉及的比较少，只在帽子或连衣帽衫款式，如一些功能性很强的雨衣、羽绒服、防寒服、风衣等需加帽子的款式设计中才加以考虑。在帽子结构设计时不注重研究头部的细部，只需要考虑头部的形状和体积等因素便可。头部的形状为蛋形，因此，头部结构只需在从平面到球体的设计原理过程中考虑。

2. 躯干

躯干是由颈、肩、胸、腰、臀五个局部组成。其中胸、腰、臀三大块是人体的主干区域。胸、腰、臀的差额变化直接影响结构设计的变化以及服装造型的变化。因此，它们是影响纸样变化的最大因素，在纸样设计中使用的机会也最多。

（1）颈部　颈部是人体躯干中最活跃的部分，将头部与躯干连接在一起。在服装结构设计中围绕其一周的结构形式决定服装领窝线。

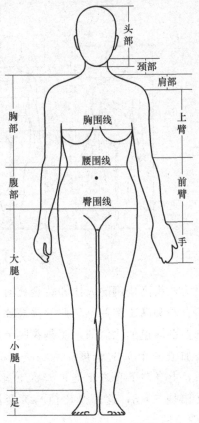

图1-4　人体四大区域划分

（2）肩部　肩部属立方体躯干部的上面，以颈的粗细与手臂厚薄为基准，与胸部没有明确的界线。在服装结构设计中肩线部位尤为重要，决定造型的形态风格。

（3）胸部　解剖学中的胸部包括前后胸部，服装结构设计中称胸部的后面为"背部"，前后胸的分界以胁线为基准，胁线即身体厚度中央线。乳房因种族、年龄、发育等因素，导致形态各不相同，它是服装结构设计中需研究的重点和难点。

（4）腰部　腰部除后面的体表有脊柱之外无其他骨骼，服装结构设计中腰围线在此部位确定。

（5）臀部　腰线以下至下肢分界线之间的躯干部位。服装结构设计中对臀沟的处理与人体该部位的形态及舒适性有直接关系。

胸部和臀部是以腰线划分的，胸部和臀部虽是固定的体块，但由于腰节的屈动，使躯干形成以腰节为连接点的运动体。因此，作用于躯干的结构就不单是静态造型，还要考虑腰部的活动规律。不仅如此，由于胸部与上臂连接着，当上衣设袖子时，亦要注意肩关节的活动规律。

3. 上肢

上肢是由对称的上臂、前臂和手三部分组成。上臂和前臂为固定体块，中间由肘关节连接，臂部的形态特征与服装结构设计有较大关系。手腕到手指尖为手部。当上肢自然下垂时，其中心线并不是直线，从人体侧面观察，前臂呈向前略有倾斜的状态；当手心向前时，下臂向外侧略有倾斜；整个上肢自上而下逐渐由粗变细形成两个柱状相连的运动体。上肢与肩部的区分是以袖窿弧线为基准线，袖窿弧线为通过肩端点、前腋点、后腋点并穿过腋下的曲线。整个上肢可以前后摆动、侧举和上举，活动范围较大。上臂与前臂之间可以屈伸，前臂还可以 180°转动。因此在服装结构设计和制作中，除要注意上肢的静止形态，还要了解运动中的形态特征，掌握上肢活动的规律以便更好地运用在服装结构设计中。

4. 下肢

下肢由对称的大腿、小腿和足组成。大腿和小腿之间由膝关节相连，自由活动。小腿与足之间由踝关节连接，自由活动。腿部的形体特征为上粗下细，近似于倒锥形体块。大腿肌肉丰满、粗壮，小腿后侧形成"腿肚"。从正面观看，腿部的大腿从上至下略向内倾斜，而小腿近于垂直状；从侧面看，大腿略向前弓，小腿略向后弓，形成"S"形曲线。脚踝以下为足部。

（三）人体骨骼与服装结构设计

人体的骨骼是以人类自然生长的秩序组合成适应人类生存的人体骨架，起着支撑身体的作用，是人体运动系统的一部分，其具备运动、支持和保护身体功能。人体骨骼的大小决定着人体外形的大小和高矮，骨骼构造极其复杂而独特。在进行结构设计时，为了使服装更加适合人体，满足人体的基本活动量，掌握其运动规律是十分重要的。人体的骨骼非常复杂，以下只对作用于服装结构产生影响的骨骼和骨系关系加以说明（图 1-5）。

1. 头盖骨

人体的头盖骨可以近似看作是一个椭圆球体，其围度宽和高度长分别是确定帽宽和帽长大小的依据。

2. 脊柱

脊柱是人体躯干的主体骨骼，是由颈椎、胸椎、腰椎三部分组成。颈椎接头骨，腰椎接髋骨，因为脊柱是由若干个骨节连接而成，因此脊柱整体都可屈动，且整体呈"S"形曲线。对服装结构产生影响的主要有两处：一是颈椎，颈椎共有七块，第七颈椎点即后颈椎点是服装结构设计中很重要的一个点，它不仅是头部和胸部的连接点，也是这两部分的交界点，是测量背长、颈围的基准点；二是腰椎，腰椎共有五块，第三块为腰节，是胸部和臀部的交界点，因此，常常作为服装结构的腰线标准，也是测量腰围线的理论依据。

3. 胸部骨系

胸部骨系是构成胸廓骨架的骨骼系统，主要有锁骨、胸骨、肋骨、肩胛骨等。

（1）锁骨　位于颈和胸的交接处，在胸部前面的上端呈一对略像"S"状稍带弯曲的横联长骨。它的内侧与胸骨相连，外侧与肩峰相连。在服装结构中，为服装颈窝点的标准。锁骨的外端与肩胛骨、肱骨上端会合构成肩关节并形成肩峰，也就是服装结构中的肩点。端肩或溜肩的体型均是由锁骨与胸骨连接角度的状态决定的。

（2）胸骨　胸骨是肋骨内端会合的中心，位于两乳之间。由于女性胸乳呈隆起而下坠状态，造成胸骨呈现微伏的"浅滩"状态。

（3）肋骨　肋骨共有12对24根，在人体前面和胸骨相连，后端全部与胸椎相连，前端与胸骨连接构成完整的胸廓。胸廓形状近似于蛋形，上小下大。前面上半部明显向前隆起，后部弧度较小，在成年女性中，从第2到第6或第7个肋骨间是乳房的底面，第5和第6个肋骨间是乳头，包含有乳房的胸廓形状，对服装构成有直接关系。这一特点的认识对服装胸背部的造型是极为重要的。

（4）肩胛骨　位于背部上端两侧，呈对称状态，形状为倒三角形的扁平骨。其三角形的上部凸起为肩胛棘，它是构成肩与背部的转折点，在纸样设计中常作为后衣片肩省和过肩线设计的依据。在肩胛棘的外前方，有较大扁平的突起称为肩峰，肩峰是决定肩宽的测定点。

4. 上肢骨系

上肢骨系呈现左右对称状态，由肱骨、尺骨、桡骨和掌骨构成上肢的骨系。

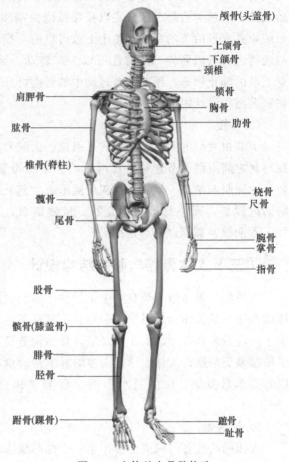

图1-5　人体基本骨骼构造

（1）肱骨　为上臂骨骼。上端与锁骨、肩胛骨相接形成肩关节，并形成肩凸，这是上衣肩部造型的依据。下端与尺骨和桡骨相连。其表面形状是浑圆、丰满的状态。

（2）尺骨和桡骨　均为前臂的骨骼。当人体手掌自然朝前时，两根骨头是并列的，形成内为尺骨、外为桡骨的状态。它们的上端与肱骨前端相接形成肘关节，肘关节的凸点是尺骨头，肘关节只能前屈。前端与掌骨连接构成腕关节。腕关节的凸点也是尺骨头，它主要作为基本袖长的标准。且在手臂自然下垂时，手臂呈一定的弯曲，在服装结构设计中作为设计袖身造型的重要依据。

（3）掌骨　掌骨由10块骨头组成，加上指骨的38块骨头，形成完整的手部骨骼。各块骨骼之间由关节相接而成，可完成复杂、灵活的运动。

5. 骨盆

骨盆是由两侧髋骨、耻骨、骶骨和坐骨构成。骶骨连接腰椎，故也称骨骶椎，它下方两侧是髋骨与下肢股骨连接，呈臼状，称为大转子，它是测定臀围线的标准。由于骨盆介于躯干和下肢之间，因此，无论是上装还是下装的结构设计都应考虑其运动的功能性。骨盆在人体的骨骼中是最能体现男女性体型差异的部位。

6. 髋骨

由上部的髂骨、下部的坐骨、前部的耻骨三块骨头结合构成。髂骨在外侧与大腿骨连接成为股关节，其活动范围很广，在制作裙子、裤子时要充分考虑股关节的构造与运动。

7. 下肢骨系

下肢骨系由股骨、髌骨、胫骨、腓骨和足骨组成。

（1）股骨　为大腿的骨骼，是人体中最长的骨头。上端与髋骨连接构成股关节，下端与髌骨、胫骨、腓骨会合成膝关节，在外上侧有突出的大转子，是下装制作重要的测定点。

（2）髌骨　通常所说的膝盖骨，形状似龟甲，正置于股骨、胫骨和腓骨会合处的中间，组成膝部关节，该关节只能后屈。它是决定裙长的一个重要基准点。

（3）胫骨和腓骨　均是小腿骨骼，胫骨位于内侧，腓骨长在外侧，胫骨和腓骨的上端与髌骨、股骨会合，下端与踝骨相接，形成踝关节。腓骨与踝骨会合处的凸起点为腓骨头，它是裤长的基本点。

（4）足骨　足骨由26块骨头构成。脚踝骨居于外侧突出点，是测量裤长的基准点。

（四）人体关节与服装结构设计

人体由头部、胸部、臀部、上臂、前臂、手、大腿、小腿、足九大体块构成，体块间的连接点即关节，它决定人体的运动特点与运动范围。关节既有静态的形状和尺寸，又有动态的形状和尺寸。

关节的种类可以大体上分两种：一是如同头盖骨那样，骨与骨之间连接紧密，几乎处于不动状态下的不动关节；二是由肌肉等连接组成的可动关节。根据运动状态来分，关节从上至下分别为颈椎关节、肩关节、腰椎关节、肘关节、腕关节、大转子、膝关节和踝关节（图1-6）。它们起着控制和改变人体运动的范围与方向的作用，也是决定人体的重心和保持平衡的重要部位。

了解各关节的基本构造与变化规律及可动范围后，对制作出机能性很强的服装很有用处，对服装的部位造

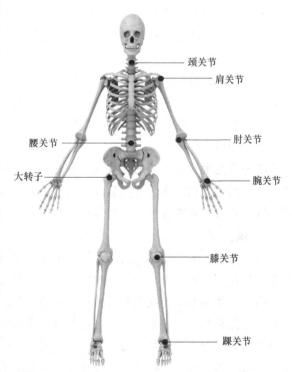

颈关节

肩关节

腰关节

肘关节

大转子

腕关节

膝关节

踝关节

图1-6　人体各体块间的连接点

型与松量的确定也有很大帮助。

1. 颈关节

颈关节是头部与胸部的连接点。它是一个造型略向前倾的不规则的圆柱体，整体呈上细下粗的造型。它的活动范围较小，领型设计更注重颈关节的静态结构，在领型设计时要注意在领上口与颈围之间留出足够的间隙。

2. 肩关节

肩关节是胸部与上肢的连接点。它的活动范围很大，主要以向上和向前运动为主。袖窿形状的椭圆形造型取材于肩关节的椭圆形截面。作为袖山和袖窿的结构设计，要特别注意腋下和后身的余量，而前身由于活动余量较小和造型平整的缘故，尺寸要保守和严谨。在服装结构袖窿与袖山的设计中，要特别注意后袖窿与背部的松量。

3. 腰关节

腰关节是胸部与臀部的连接点。它的活动范围较大，前后左右都有其一定的活动范围。在日常行为中，腰部以前屈为主。因此，当服装设计中出现通过腰部部位时都应作动态结构处理，加以相应的放松量。如裤子的后腰翘就是为此而设计的，同时对于上衣腰线的设计或下装中连腰式或高腰式造型，都是非常重要的依据。

4. 肘关节

肘关节是上臂和前臂的连接点。它的活动范围是向前运动，形成以肘为凸点的袖子结构，特别是贴身袖的设计，都以肘点作为基点确定肘省和袖子的分片结构。

5. 腕关节

腕关节是前臂和手的连接点，既是测量袖长的重要基准点，也是测量人体腕围的基准点，腕围是影响袖口设计尺寸的重要参考值。

6. 大转子

大转子是臀部和下肢的连接点。它的运动幅度很大，特别是前屈，同时由于运动的平衡关系，左右大转子的运动方向是相反的，使人体的伸展空间更加大。因此，对服装部位的要求更加严格，如裙子的下摆尺寸部分。裙摆越小，其结构的运动功能就越差。

7. 膝关节

膝关节是大腿与小腿的连接点。它的运动方向与大转子相反，活动范围也小于大转子。正常情况下以后屈为主要运动方向。膝关节对裤子的结构影响较大，主要决定裤子的膝围线位置及裤管的松量，紧身裙的后开衩也与此有关。

8. 踝关节

踝关节是小腿和足的连接点。踝关节是测量裤长、裙长等部位的重要基准点，也是测量人体踝围的基准点，踝围是影响裤子裤口设计尺寸的重要参考值。

由于人体的基本连接点都具有各自的运动特点和较复杂的运动机能，这就构成了对服装运动结构制约的关键因素。在纸样设计中，遇到有连接点的地方都要加倍小心，特别是那些活动幅度较大的连接点。而在这些部位并没有明显的标记，像腰节、臀围线、肩点、颈点等容易造成应用上的模糊，尤其是经验不足的设计者更要慎重。这就需要设计者对人体的基本构造有十分深刻的了解。

（五）人体肌肉与服装结构设计

人体的肌肉总数为 600 余块，占身体总重量的 40%，它们基本成对生长。它的构成形态和发达程度与服装造型关系极大，各种体型的变化或特殊体型，会引起结构设计中不同的处理方法，从而保证服装的美观、得体。人体的肌肉结构极为复杂，作为用于服装设计的人体肌肉结构和形态的研究，主要是对直接影响人体外形的浅层肌和少数对服装造型有作用的深层肌进行说明和分析，以达到理解人体正常运动的作用和人体外部造型的目的（图 1-7）。

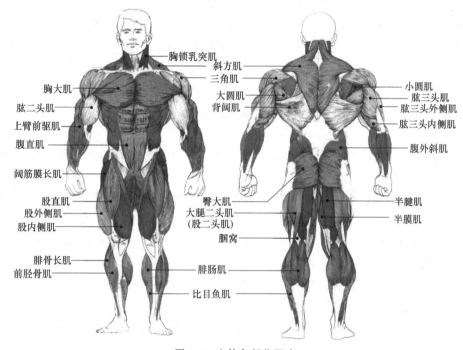

图 1-7　人体各部位肌肉

1. 头部、颈部肌肉

头部肌系与服装关系不大。胸锁乳突肌是人体颈部的浅层肌肉，共有一对，这块肌肉运动时，会在肩部产生不同的造型，如前凹后凸的造型，因此必须在结构设计或工艺设计时进行相应处理，如作肩线前短后长的结构处理或作前拔的工艺处理形式。

2. 躯干肌肉

躯干肌肉主要由胸大肌、腹直肌、腹外斜肌、前锯肌、斜方肌、背阔肌、臀大肌等肌肉组成，它们的结构关系构成躯体的基本状态。

（1）胸大肌　较大面积地覆盖于人体胸骨两侧，呈对称状态，形状像展开的扇形，外侧与肩三角肌会合形成腋窝。胸大肌为胸廓最丰满的部位，女性被乳房覆盖显得更加突出，因此成为测定胸围线的依据。

（2）腹直肌　覆盖于腹部前面的肌肉，通常称为八块腹肌，上与胸大肌相连，下与耻骨相连，腹直肌与耻骨连接，并与大腿的股直肌会合，故称腹股沟。由此得到测量腰围和测量腹围的依据以及腹股壑状的外部形体。腹直肌虽然与耻骨相连接，但它对服装外形不构成影响，而腹凸和腰凹的形体对纸样设计是很重要的。

（3）腹外斜肌和前锯肌　包裹腹直肌，斜行向上人体外侧，止于肋骨，形成腹部侧部的肌肉。由于腹外斜肌靠下生长，前身上接前锯肌，后身上接背阔肌，它们的会合处正位于腰节线上，形成了躯干中最细的部位，所以一般测量腰围线时，以腰的最细部位正好是这两块肌肉的结合处。左右两侧的腹外斜肌同时运动时，人体处于前屈的状态。单侧运动时，脊柱向运动的一方屈曲，身体两侧呈相反的运动状态。

（4）斜方肌　为人体背部较发达的肌肉，也是覆盖于人体肩背部最浅层的肌肉，男性更为突出。它上起头部枕骨，向下左右伸展至肩胛骨外端，其下部延伸至胸椎尾端，在后背中央构成硕大的菱形肌肉。由于斜方肌上连枕骨，左右与肩胛骨外端相接，其外缘形成自上而下的肩斜线，由此可见，斜方肌愈发达肩斜程度就愈大，肩背隆起愈明显。因此，斜方肌不仅男女有差别，也可以影响肩部和背部的结构造型。同时，斜方肌与胸锁乳突肌的交叉结构形成了颈与肩的转折，把该转折点看作颈侧点，斜方肌越发达，其肩斜度就越大，同时颈侧处隆起越明显，在纸样设计中被确定为标准的侧面领口轨迹。

（5）背阔肌　位于斜方肌下端两侧，两侧斜行向上，止于上臂部，形成背部隆起，男性更为突出。背阔肌可将上肢拉下，还可将上臂向后拉，使背部的活动量远远大于胸部，另外，左右背阔肌下方中间相夹的是腰背筋膜，因为腰背筋膜不是肌肉组织，而是一种很有韧性的薄纤维组织，位于腰部，因此背阔肌与腰部构成上凸下凹的体型特征，在结构设计当中应特别注意这一特性，一般纸样背部收腰正是使服装既贴合人体又要给人体一定的活动量及舒适量的考虑。

（6）臀大肌　位于腰背筋膜的下方，臀大肌向后隆起形成臀部最丰满的肌肉，与它相对应的前身为耻骨联合的三角区，由于臀大肌的顶峰与大转子凸点在同一截面上，并与大转子后方形成臀窝，因此后身躯干呈明显的"S"形，特别是女性表现得尤为突出。

3. 上肢肌肉

上肢肌系对于非特殊功能的服装结构来说，一般不考虑肌肉外表形状的细部特征，只作为模糊状态下的圆柱体去认识，所以这里只对上肢外表肌肉的名称加以说明。

（1）三角肌　起于锁骨外侧，形成上臂外侧形状的肌肉，使上臂举起时，与胸大肌相接形成腋窝，下端前与肱二头肌、后与肱三头肌相连。

（2）肱二头肌　肱二头肌位于上臂前侧与肩三角肌会合，该肌肉运动时，使肘弯曲，肌肉膨胀隆起。

（3）肱三头肌　位于上臂后侧与肩三角肌会合。起始于肩胛骨和上臂上部，止于尺骨的肘关节点，该肌肉弯曲时上臂伸直。

（4）前臂的伸肌群和屈肌群　为组成前臂的主要肌肉，这些肌肉控制手腕、手掌、手指的运动、伸屈功能。

4. 下肢肌肉

下肢肌系较为明显的是以髌骨为界点的大腿和小腿的表层肌。大腿的前中部是股直肌，内侧细长状的是缝匠肌，其下内侧是股内肌，股直肌的外侧是股外肌，在大转子外层是阔筋膜张肌，大腿后面外侧是二头肌，后内侧是半腱肌、半膜肌，这些是构成大腿前部隆起的关键肌肉。由于臀大肌凸起，大腿后部肌肉对下装结构影响不大，略给大家介绍几种。

（1）大腿肌肉

① 四头肌：位于大腿前面，面积较大的肌肉，起始于髋骨及股骨的上部，止于髋骨及胫骨前面上部，该肌肉主要使膝关节伸直或弯曲。

② 二头肌：位于大腿后面外侧的肌肉，使膝弯曲，股关节伸直。

③ 半腱肌、半膜肌：位于大腿后面内侧，同大腿二头肌一样，可使膝弯曲，股关节伸直。

（2）小腿肌肉　前胫骨肌和腓肠肌是使脚踝及足部运动的主要肌肉。但其主要的肌肉在后部，即由外腓肠肌和内腓肠肌组成，这两块肌肉就是俗称的小腿肚。

二、女性人体横截面的特征及与服装之间的关系

由于男、女性别的差异，服装在设计时被分为男装和女装；由于男、女体型的差异，男、女服装在结构设计时同样有不同的结构设计和制作工艺。为了更好、更合理地把握女装的结构设计，我们要着手研究男、女体型上的差异及特征，为掌握服装结构设计的准确性、合理性做充分准备。

从服装纸样的技术要求上，则要研究男、女体型差异的物质因素，即骨骼、肌肉、脂肪和皮肤的生理差别和形态特征。这对认识男、女装纸样特点和设计规律至关重要。

1. 女性人体骨骼的特征对服装结构设计的影响

骨骼决定人的外部形态特征，由于生理上的原因，女性比起男性的骨骼有明显的差异。女性骨骼相比男性要纤细一些，没有男性的骨骼粗壮且突出，由此呈现出女性的体型外部特征平滑柔和，衬托出女性柔媚的风姿。

整个体态上看，女性的骨盆宽而厚，致使胯部骨骼宽于肩部骨骼，呈现正梯形形态；而男性则相反，男性胸廓体积大，致使肩部骨骼要大于胯部骨骼，呈现倒梯形的形态。男、女躯体线条的起伏、落差也不同，男性显得平直，女性则显出明显的"S"形特征。因此男、女形成各自不同的体型特征（图1-8）。

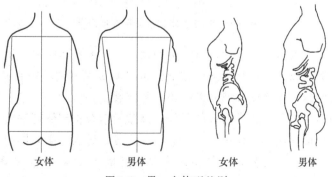

女体　　　男体　　　女体　　　男体

图1-8 男、女体型差别

2. 女性人体肌肉及表层组织的特征对服装结构设计的影响

男、女服装的结构特征，除了受骨骼的影响外，其造型特点主要是由肌肉和表层组织构造的差别所决定的。女性肌肉没有男性发达，皮下脂肪比男性多，由于它是覆盖在肌肉上的，因而外形显得较光滑圆润，而整体特征起伏较大。由于生理原因致使女性乳房隆起，背部稍向后倾斜，使颈部前伸，造成肩胛突出，由于骨盆宽厚使臀大肌高耸，促成后腰部凹陷，腹部前挺，故显出优美的"S"形曲线。

由于女性肌肉与表层组织的特点，决定了女装纸样设计主要研究的是褶和省的变换与运用，而男装则是注重功能和工艺上的考虑设计。这不仅符合男、女生理上的要求，而且也符合心理平衡的美学设计原则。男装可以通过对面料的归拔工艺而达到合体，而女装则不行，女装必须利用对褶、省的设计处理来满足人体的需求，可以说褶、省的变化是女装设计的灵魂。这样女装在设计上就有了大做文章的余地。例如外形设计大起大落，省、分割、打褶的设计范围广泛，内容与形式的结合活泼多变。

3. 女性人体横截面的特征对服装结构设计的影响

由于男、女体型的差别，女装纸样设计时，其变化具有多样性。因此，对女体横截面的特点作进一步的分析，有助于对纸样设计原理的充分理解。

如果说骨架决定着人体正面的特征，那么肌肉就决定了人体的侧面特征。人体正面的最高点肩部和髋部，分别是由人体骨系的肩关节及大转子构成；侧面人体的最高点胸部和臀部，则是由人体肌系中的胸大肌和臀大肌决定的。对人体横截面的分析是对人体的骨系和肌系所形成的外部特征进行综合的观察和研究，以得到人体的三维概念和方法。下面就服装结构中有代表性的女体横截面加以说明，用以确定服装结构线的客观依据（图 1-9）。

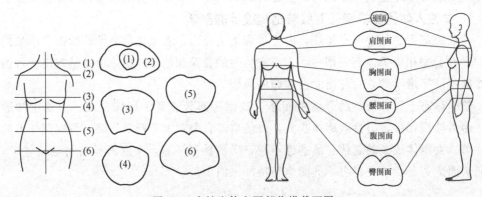

图 1-9　女性人体主要部位横截面图

（1）颈部截面　以前、后、颈侧点为准的截面。其形状为桃形，桃尖部是前颈点。

（2）肩部截面　以肩端连线为准的截面。可以明显观察到肩胛骨和肩峰最为凸出，也可以看出此截面是人体宽度和厚度差距最大的区域。

（3）胸部截面　以乳点连线为准的截面。此截面结合正侧体理解可以正确判断乳点的空间位置。如果依据成熟女性正常发育的状况为准，乳点远离人体中线而接近人体两侧边缘。这一点单从正面理解，往往错认为乳点更靠近人体中线，这种认识和实际相悖。同时可以看出，此截面是女体前身最丰满的部位，故此胸部截面的宽度和厚度趋于平衡，接近正方形，这是决定上装结构的关键。

（4）肋背截面　在肋骨和背阔肌对应的连线处，位于胸围线和腰围线之间。肋背截面柱形特点最强，同时可以判断出从腰部到胸部形体变化的趋势，是确定上衣结构的主要条件。

（5）腹部截面　在腰部以下，位于腰围线和臀围线之间，此截面是腰部到臀部的过渡。

（6）臀部截面　以大转子连线为准的截面。从此截面观察大转子点以及臀大肌凸点最为明显，这就决定了大转子、臀大肌与腰部的差量大于腹部与腰部的差量，这是测体时臀部余缺处理大于腹部余缺处理使用量的人体依据。另外，还可看出臀凸点与胸凸点的位置处于相反面，即臀凸点靠近后中线，由于大转子点向外伸展，因此形成该截面的金字塔形特征。

综上所示，依据横截面重叠的变化图可以看出，人体各部位的差量以及各部位差量的分配位置，变化最大的是肩部截面、胸部截面和臀部截面，变化最小的是腹部截面。因此上身结构虽在腰部施行，但依据是胸部和臀部凸点，如在腰部取省要根据胸凸、臀凸、大转子以及腹凸的位置而定。换言之，决定服装结构线的部位在于具有明显凸点的人体截面。凸点越具有确定性，结构的设计范围就越窄，相反就越宽。因此胸凸、臀凸、大转子、肩峰和肩胛凸较为确定，结构线及省的指向就比较明确，这也是达到最佳造型的理论依据。腹部、臀部、背部相对不太确定，结构线和省的应用范围也较模糊，如腹省的省尖可以在腹围线上平行排列、选择。总之，人体的截面可以很清楚地揭示出人体凸点的三维特征和位置，这对服装造型的准确、美观以及合理的结构把握是至关重要的（图1-10）。

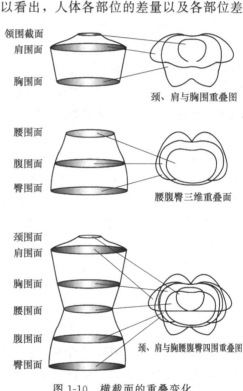

领围截面
肩围面
胸围面

颈、肩与胸围重叠图

腰围面
腹围面
臀围面

腰腹臀三维重叠面

颈围面
肩围面
胸围面
腰围面
腹围面
臀围面

颈、肩与胸腰腹臀四围重叠图

图1-10　横截面的重叠变化

三、女装设计特点

通过上面所学知识，我们了解到女性基本的体态特征为肩窄、胸高、腰细、臀宽、四肢纤细。在造型上，正面呈现"X"形，肩宽与臀宽大体相当，腰部细窄；侧面呈现"S"形，胸部丰满向前突起，臀部浑圆向后突出，后背和腰部平坦。在外观上体现出柔弱、清秀、流畅、圆润的视觉感受。

依据女性的以上特征，我们在设计女装时需要把控的是以下四点。

1. 舒适

舒适是指服装要便于穿着，对人不能过于束缚，要注重款式及用料的科学性和合理性。服装的出现最初是为了达到它自身的实用功能性，如防风、防雨、防寒、保护、保暖等。随着时间的推移和时代的变化，人们开始注重服装的美观和流行。随着社会的进步和发展，着装的舒适性现已站在了着装需求的最前沿。人们每一天都要从事不同的运动，如果服装结构设计中存在不合理的因素，就会给人们日常的运动造成一定的阻碍。穿着舒适的服装会让穿着者没有着装的压力，拥有愉悦的心情，便于活动，有利于身体发育。因此，要求在女装设计时要依据女性的生理和心理以及活动特征，根据服装的造型需要，精准地设计每一部分的放松量、分割变化、省的合理运用等。除此之外，面料的选择也是至关重要的，注意选择既舒适又符合整体款式风格的面料。只有这样才能真正达到穿着者的需求。

2. 美观

美观是指成衣要有美感，包括款式美、造型美、色彩美、装饰美以及面料等方面，而且不仅要注重服装自身构成的完美，还要使服装穿着后产生一种整体美。服装设计本身是科学技术和艺术的搭配焦点，涉及美学、文化学、心理学、材料学、工程学、市场学、色彩学等诸多要素。作为服装设计者，特别是女装设计者，要具备很强的审美观和价值观，使设计出来的服装既要美观时尚，又要低调优雅，永远不会落后。

3. 新颖

新颖是指服装的款式要有新意。有时这种新意可能就是服装的某一局部、某一工艺手段或某一装饰手法的创新。现代女性已经不满足于单一的、重复的生活状态。她们努力找到与众不同、独特的一面。因此，在服装的选择上也是遵循着创新、新颖的原则。女装设计可以通过特殊的面料、新颖的颜色、不同的服装结构、创新的工艺手法等方面，来吸引购买者的眼球，刺激其购买欲望。

4. 流行

流行是指服装要适销对路，要考虑服装的流行性，不能闭门造车。现代人越来越注重与时俱进，流行不仅仅是年轻女孩所关注的内容，把自己打扮得很流行、很时髦，已经成了大众的需求。可以说，追逐潮流已经成为一种社会行为。每季的时装发布，各大品牌的设计师都会引领着服装新的流行，而设计师们的设计也同时会取材于市场消费者的需求。所以经常有人说，服装设计与服装流行可以说是鱼与水的关系。

第二节
女性人体测量

服装成品规格尺寸是服装结构设计的前提。成品规格尺寸的来源除了客户提供的和国家标准号型规格外，主要是通过测量人体而得。由于人体各不相同，为了测量数据更加准确，因此建立了统一的测量方法，一般选骨骼的端点、突起点及有代表性的部位作为人体测量基准点。

一、女性人体静态测量

（一）服装人体测量基准点（图 1-11）

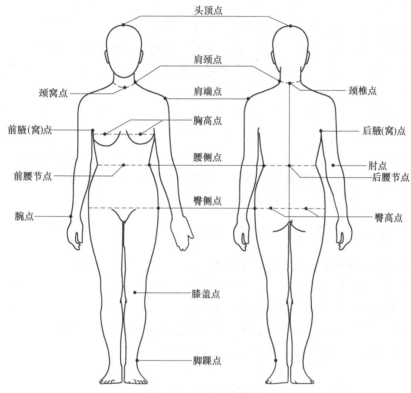

图 1-11 女性人体测量点

（1）头顶点 头部最高点，位于人体中心线上方的地方，测量身高时的基准点。

（2）肩颈点（颈侧点） 位于人体颈侧根部，是颈部到肩部的转折点。它是测量人体前、后腰节长和服装衣长的起始点，以及服装领口宽定位的参考点。

（3）颈窝点（前颈点） 位于人体左右锁骨中心，前颈根部凹陷的位置，是前领口定位的参考点。

（4）颈椎点 位于人体颈后第七颈椎骨，是测量背长或上体长的起点，也是基础领线定位的参考点。

（5）肩端点 位于人体肩关节峰点处，它是肩与手臂的转折点，是测量人体肩宽、臂长或袖长的起始点，而且还是袖肩点定位的参考点。

（6）前腋（窝）点 放下手臂时，人体胸部与前手臂根的交界处，左右前腋点间的距离就是前胸宽的尺寸。

（7）后腋（窝）点 放下手臂时，背部躯干与后手臂根的交界处，腋点间的距离就是后背宽的尺寸。

（8）胸高点　位于人体胸部最高处，它是测量胸围的参考点，也是女装胸省省尖方向的参考点。

（9）肘点　当手部弯曲时，位于人体上肢肘关节处突起的点。它是测量上臂长的基准点。

（10）腕点（茎突点）　位于人体手腕部凸出处，即前臂尺骨最下端点，是测量袖长的参考点。

（11）前腰节点　位于人体前腰部正中央处，是确定前腰节的参考点。

（12）后腰节点　位于人体后腰部正中央处，是确定后腰节的参考点。

（13）腰侧点　位于人体腰侧部正中央处，是前后腰的分界点，也是测量裤长和裙长的起始点。

（14）臀高点　位于人体臀后部左右两侧最高处，是确定臀省省尖方向和臀围线的参考点。

（15）臀侧点（大转子点）　位于人体臀侧部正中央处，是腹部与臀部的分界点。

（16）膝盖点　位于人体膝关节的中心，是大腿与小腿的分界部位。

（17）（外）踝点　位于人体踝关节向外侧突出点，是测量裤长的基准点。

（二）服装人体测量部位及测量方法

量体前被测者最好穿着紧身或合体内衣，以最自然的姿势站直或坐直，呼吸自然、顺畅。测量者站在被测者的侧面，方便完整地观察测量部位是否达到测量标准。胸围、腰围、臀围在测量时需要加入两根手指的放松量。

（1）身高　人体站立时从头顶点垂直向下测量到地面的距离（图1-12）。

（2）颈椎点高　从颈椎点垂直向下量至地面的距离（图1-13）。

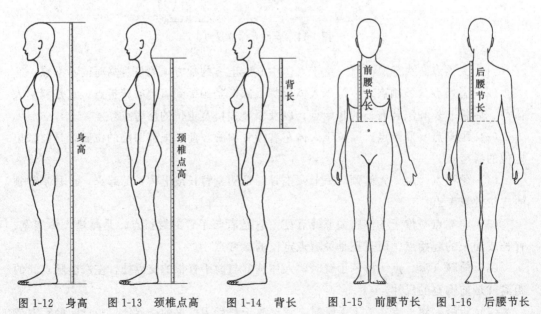

图1-12　身高　　图1-13　颈椎点高　　图1-14　背长　　图1-15　前腰节长　　图1-16　后腰节长

（3）背长　由第七颈椎点随背形向下量至腰部最细处（图1-14）。

（4）前腰节长　肩颈点向下经过胸高点量至腰部最细处（图1-15）。

（5）后腰节长　肩颈点向下经过肩胛骨量至腰部最细处（图1-16）。

（6）腰围高　从腰围线的中央垂直量到地面的距离，是设计裤长的依据（图1-17）。

（7）臀高　在人体侧面的位置上，自腰侧点量至臀侧点的距离（图1-18）。

（8）上裆长（直裆）　测量时，被测者坐在椅子上，挺直身体，从腰围线垂直量至椅面（图1-19）。

（9）手臂长　由肩端点经过肘至腕处（茎突点）（图1-20）。

（10）上臂长　手臂弯曲，自肩端点量至肘部（图1-21）。

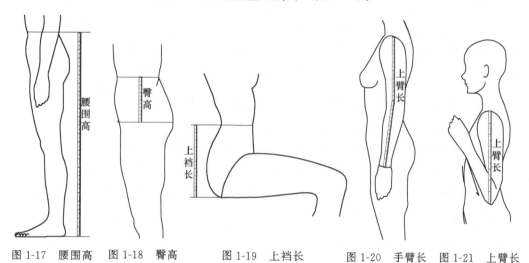

图1-17　腰围高　　图1-18　臀高　　　　图1-19　上裆长　　　图1-20　手臂长　图1-21　上臂长

（11）手长　从茎突点向下量至中指指尖的长度（图1-22）。

（12）膝长　从前腰围线量至膝盖中点的长度（图1-23）。

（13）头围　双耳上方，经前额中央和后枕骨水平围量一周（图1-24）。

（14）胸围　胸部最丰满处（胸高点）水平围量一周（图1-24）。

（15）腰围　腰部最细处（前腰节点、腰侧点）水平围量一周（图1-24）。

（16）腹围（中腰围、中臀围）　腰围至臀围的二分之一处水平围量一周（图1-24）。

（17）臀围　臀部最丰满处（大转子点）水平围量一周（图1-24）。

（18）颈围　在颈部的下端围量一周（注意软尺需经过颈椎点、左肩颈点、右肩颈点、颈窝点）（图1-25）。

（19）颈中围　通过喉结，在颈中部水平围量一周（图1-25）。

（20）臂围　在上臂最粗的地方（肱二头肌）水平环绕围量一周。尤其对于手臂粗的人是必须测量的尺寸（图1-26）。

（21）臂根围　经肩点、前后腋点测量一周（图1-27）。

（22）肘围　屈肘，经过肘点围量一周。这是制作窄袖必须量的尺寸（图1-28）。

（23）腕围　经过手腕点（茎突点），手腕围量一周（图1-28）。

（24）大腿围　在大腿根部水平围量一周（图1-29）。

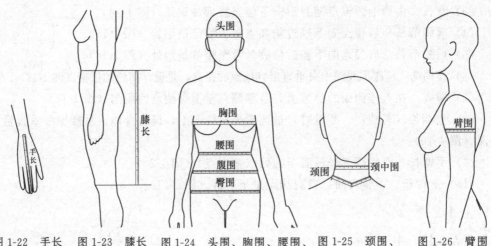

图1-22　手长　图1-23　膝长　图1-24　头围、胸围、腰围、　图1-25　颈围、　图1-26　臂围
　　　　　　　　　　　　　　　　　腹围、臀围　　　　　　颈中围

（25）膝围　在膝盖处水平围量一周（图1-29）。

（26）小腿中围　小腿最丰满处水平围量一周（图1-29）。

（27）小腿下围（脚踝围）　踝骨上部最细处水平围量一周（图1-29）。

（28）足跟围　在后足跟经前后踝关节围量一周（图1-29）。

（29）掌围　拇指向掌内轻轻弯曲，通过掌部最丰满的位置围量一周（图1-30）。

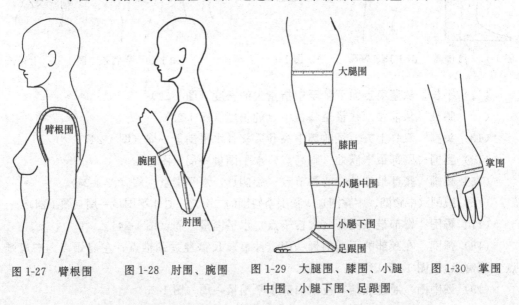

图1-27　臂根围　　　　图1-28　肘围、腕围　　　图1-29　大腿围、膝围、小腿　　图1-30　掌围
　　　　　　　　　　　　　　　　　　　　　　　　　　　中围、小腿下围、足跟围

（30）肩宽　由左肩端点经过后颈点量至右肩端点（图1-31）。

（31）后背宽　后身左侧腋窝处量至右侧腋窝处（图1-31）。

（32）小肩宽　肩端点至颈侧点的距离（图1-32）。

（33）前胸宽　前身左侧腋窝处量至右侧腋窝处（图1-32）。

（34）胸高距（乳间距）　横向测量为两个胸高点之间的距离，纵向测量为肩颈点
向下量至胸部最高点（图1-33）。

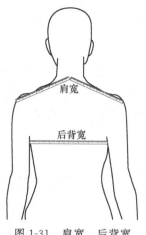
图 1-31 肩宽、后背宽

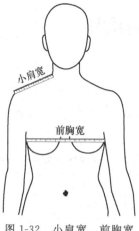
图 1-32 小肩宽、前胸宽

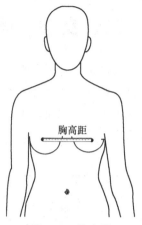
图 1-33 胸高距

（三）人体静态尺度参数

（1）肩斜度 人体从肩端点至颈侧点的小肩宽与水平线所形成的夹角，男性为21°，女性为20°。

（2）颈斜度 人体的颈项与垂直线所形成的夹角，男性为17°，女性为19°。

（3）手臂下垂自然弯曲平均值 人体自然直立时，手臂呈稍向前弯曲的状态，弯曲程度男性为6.8cm，女性为4.99cm。

（4）胸坡角 指人体胸高点与前颈窝点的连线与通过胸高点的垂线所形成的夹角。一般男性胸坡角为16°，女性为24°。

（5）胸角、腹角 人体胸、腹最高点和腰节点的连线分别与通过胸、腹最高点的垂线所形成的夹角。

（6）臀角 人体后中线臀部最丰满处的垂线夹角，男性为19.8°，女性为21°；人体臀沟处的垂直夹角，男性为10°，女性为12°。

表1-1、表1-2列出了我国女性人体长度及围度比例参考值。

表 1-1 我国女性人体长度比例参考值

比例	身高	胸高点	腰节	上臂长	小臂长	手掌	上裆	臀高	大腿长	小腿长
与头的比例	7	1	5/3	4/3	1	2/3	6/5	5/7	8/5	4/3
占总体高的比例/%	100	14.3	24	19	14.3	10	17.1	10.2	23	19

表 1-2 我国女性人体围度比例参考值

比例	颈围	上臂围	腋围	手肘围	手腕围	腰围	臀围	腿根围	膝围	小腿围	足围
占净胸围的比例/%	40	34	46	30	20	75	110	66	44	44	27
占净臀围的比例/%								60		40	25
占净腿围的比例/%									67	67	

二、女性人体动态测量

人体是富有生命的个体，并不是一块不变的硬石，人需要不停地呼吸、行走、坐、躺以及各种运动，每一项活动都会影响人体部位尺寸的变化，所以了解动态的人体是非常重要的，同时在款式设计方面也同样受到人体动态尺寸的制约。表1-3列出了人体主要部位伸长率。

表1-3　人体主要部位伸长率

部位	横向伸长率/%	纵向伸长率/%
胸部	12～14	6～8
背部	16～18	20～22
臀部	12～14	28～30
肘部	18～20	34～36
膝部	18～20	38～40

服装结构中宽松量和运动量的设计，主要是依据人体正常运动状态的尺度。正确了解人体运动的尺度是服装使用功能与审美功能完美结合的需要。

1. 肩关节的活动尺度

肩关节是人的躯体与手臂相连的关节，是活动量最大的关节，肩关节上举180°，后伸60°，外展180°，内收50°；肘关节前屈150°，后伸0°（图1-34）。由此可见，人体的上肢主要是向前运动，肩关节所对应的服装部位在结构上应增加适当的量，主要是指后衣片的袖窿及袖片部位要有手臂活动所需的活动松量。

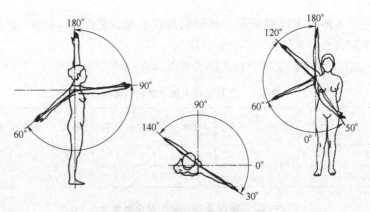

图1-34　肩关节活动范围

2. 髋关节和膝关节的活动尺度

髋关节的活动以大转子的活动范围为中心，以向前运动为主，是下装臀部尺寸设计的动态依据，同时也要考虑到双腿同时前屈90°的坐姿。髋关节前屈可达120°，后伸20°，外展45°，内收30°（图1-35）。

膝关节后屈 135°，前伸 0°，外展 45°，内收 45°（图 1-36）。从髋关节和膝关节的活动范围分析，在设计服装尺寸时注意在臀部、裆部以及下摆的结构上给予适当的活动尺度。膝关节的活动是单方向的后屈动作，为了适应这种运动特点，一般在裤结构的中裆处都要留有余地。如果腿的活动幅度较大，则需要在横裆上增加活动量。

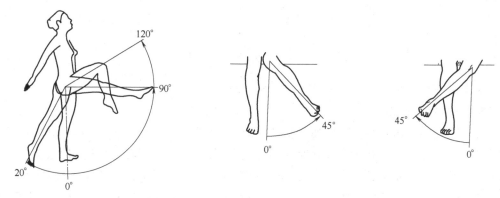

图 1-35　髋关节活动范围　　　　　图 1-36　膝关节活动范围

3. 腰脊关节的活动

腰脊关节的活动主要是以腰部脊柱的弯曲来达到运动变化的。人体腰脊前屈时的幅度最大，最高可达 80°，自然状态下也可达到 45°，而且前屈机会较多；其次是左右侧屈幅度，可达 35°；最后是后伸，正常人体后伸最大幅度可达 30°（图 1-37）。在考虑运动机能的结构时一般是在后衣身增加适度的活动松量，而前衣身则注意与之平衡美观，裤装的后翘、上装后衣身下摆长于前衣身等都是基于这个因素的考虑。

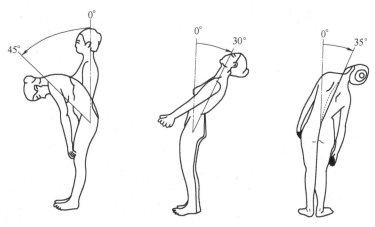

图 1-37　腰脊关节活动范围

4. 颈部关节活动尺度

颈部关节的屈伸及左右侧倾角都是 45°，其转动的幅度为 60°（图 1-38），这是设计连衣帽子时的必要参考数据。在静态的情况下，头部的各测量尺寸是固定的，但是当头部尺寸和肩部相连接时，就要考虑在动态下对头部尺寸的影响。例如风衣帽子的设计就必须考虑头部动态的最大尺寸。另外，颈部关节的活动尺度对领型的设计也是很重要

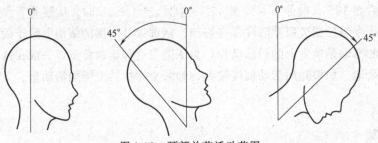

图 1-38　颈部关节活动范围

的。例如领子的高度、领子与肩的角度、领口的深度等。

5. 正常行走尺度

正常行走包括步行和登高，通常女性标准步行前后距离为 65cm 左右，此时两膝间的围度为 82～109cm。在裙装设计时，裙摆幅度不能小于一般行走和登高的活动尺度，两膝的围度是制约裙装造型的基本条件。窄摆裙的开衩或褶裥就是基于这种功能设计的。大步行走时，前后距离为 73cm 左右，此时两膝间的围度为 90～112cm。当小步登高膝盖上抬 20cm 时，此时两膝间的围度为 98～114cm。当大步登高膝盖上抬 40cm 时，此时两膝间的围度为 126～138cm。

三、女装成衣测量

表 1-4～表 1-8 列出了裙装、裤装、衬衫、连衣裙、西服的测量部位及方法。

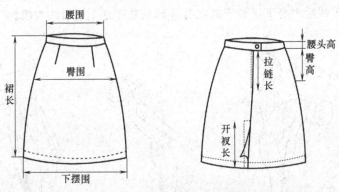

表 1-4　裙装测量部位及方法

序号	部位	测量方法
1	腰围	扣上扣子和拉链,沿腰头上口横量
2	臀围	沿臀高点,水平下摆方向横量
3	下摆围	沿裙底摆处,水平横量
4	腰头高	直量腰头的高度
5	臀高	腰头辅料下方直量至臀围线处
6	裙长	由腰头上口垂直测量到底摆的长度
7	拉链长	直量拉链的起点到终点
8	开衩长	直量开衩的起点到终点

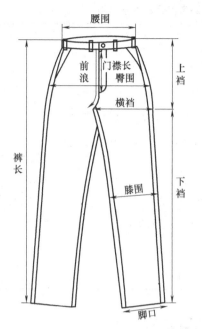
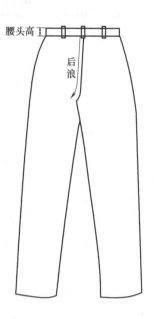

表 1-5　裤装测量部位及方法

序号	部位	测量方法
1	腰围	扣上扣子和拉链,沿腰上口宽横量
2	臀围	底裆点向上 8cm 左右横量,前后分别测量
3	膝围	中裆处,水平横量
4	脚口	裤脚管摊平横量
5	腰头高	直量腰头的高度
6	裤长	由腰上口沿侧缝摊平垂直测量至脚口
7	前后裆(浪)	前腰中缝弧量到裆底缝为前浪,后腰中缝弧量到裆底缝为后浪
8	门襟长	前腰口底处至门襟底边缝线的垂直距离

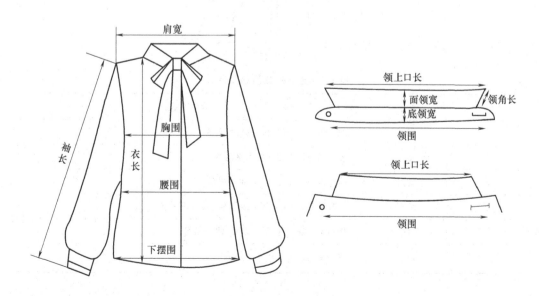

表 1-6　衬衫测量部位及方法

序号	部位	测量方法
1	肩宽	左肩缝至右肩缝之间的横量距离
2	胸围	扣好纽扣,袖隆深向下 2.5cm 处,水平横量
3	腰围	腰节线处,一般情况为腰的最细处横量
4	下摆围	衣服铺平,下摆侧缝至侧缝之间的距离,水平横量
5	衣长	肩部最高点垂直量至底边
6	袖长	肩端点到袖头边的直线距离
7	袖宽	袖隆深向下 2.5cm 处,水平横量
8	袖口	沿袖口边横量
9	领围	领子摊平横量,从扣眼前段到扣子中心的距离

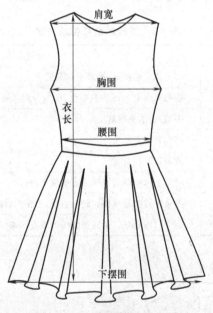

表 1-7　连衣裙测量部位及方法

序号	部位	测量方法
1	肩宽	左肩缝至右肩缝之间的横量距离
2	领宽	领口两边端点之间的水平距离
3	胸围	袖隆深向下 2.5cm 处,水平横量
4	腰围	腰节线处,上衣与下裙腰部接缝处水平横量
5	下摆围	将裙子下摆展开,沿下摆处,水平横量
6	衣长	领侧最高点垂直量至裙底边

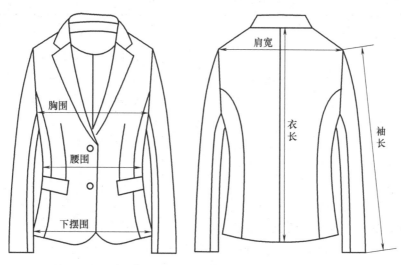

表 1-8　西服测量部位及方法

序号	部位	测量方法
1	肩宽	左肩缝至右肩缝之间的横量距离
2	胸围	扣好纽扣,袖窿深向下 2.5cm 处,水平横量
3	腰围	腰节线处,一般情况为腰的最细处横量
4	下摆围	衣服铺平,下摆侧缝至侧缝之间的距离,水平横量
5	衣长	领侧肩部最高点垂直量至底边
6	袖长	肩端点到袖头边的直线距离
7	袖宽	袖窿深向下 2.5cm 处,水平横量
8	袖口	沿袖口边横量
9	领深	肩最高点垂直量到首粒扣的中心

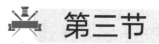 第三节

女装制图符号及成衣规格

一、服装结构制图符号

表 1-9 列出了服装结构制图中的各种符号,表 1-10 中给出了服装结构制图代号。

表 1-9　绘图、裁剪、缝纫符号

序号	名称	符号	用途
1	粗实线	——————	服装或零部件的轮廓线、裁剪线

序号	名称	符号	用途
2	细实线	———————	服装制图的基础线、辅助线、标示线
3	虚线	- - - - - - -	表示叠压在下层的轮廓线
4	点画线	—·—·—·—	表示连折或对折
5	双点画线	—··—··—··	表示折转,如翻驳领的翻折线
6	等分线	⌒⌒⌒	表示该段距离平均等分
7	等长符号	⊶⊶ ⊷⊷	表示两条线段的长度相等
8	等分符号	▲ ■ ● □ ○	表示尺寸相同的部位
9	距离线	⊢⊣ ⊢⊣	表示部位起始点之间的距离
10	经纱向	◁———————▷	表示材料的经向,箭头两端与面料经向平行
11	毛向号	———————→	表示方向的符号,如印花或毛绒材料裁剪时必须保持相同方向
12	斜纱向	✕	表示面料斜裁,与直纱向保持 45°
13	直角	⌐	表示相交的两条线是 90°
14	拼合符号	⊚	表示两部分在裁剪时需拼合在一起成一个整体
15	归拢	⌒	表示某部位需用高温定型将其尺寸归拢缩小
16	拔开	⋀⋀	表示某部位需用高温定型将其尺寸拉伸放大
17	剪切符号	✂ ✁	表示由此处剪开
18	重叠符号	✗ ✗	表示双轨线共处的地方为纸样重叠部分,需再次分离复制样板
19	省略符号	⟦╲⟧	表示尺寸很长,裁剪中省略裁片的某一部位

续表

序号	名称		符号	用途
20	缩缝符号		〰〰〰	表示某部分缝合时均匀收缩
21	橡皮筋符号			表示某一部分需加入橡皮筋缝合
22	拉链符号			表示此处需绱拉链
23	纽扣符号		⊕ +	表示纽扣的位置
24	扣眼符号		⊢——⊣	表示扣眼的位置及方向
25	省道符号	枣核省		省的作用是让服装变得更加合体。根据设计者的造型要求,省的形状也是多变的
		锥形省		
		宝塔省		
26	活褶符号	左、右单褶		褶比省在功能和形式上更加灵活,褶更富有表现力。注意活褶斜线符号的方向,打褶的方向总是从斜线的上方倒向下方,划斜线的宽度表示褶的宽度
		明褶、暗褶		
27	开省		——————<	表示此部位省道需要剪开
28	钻眼号		⊕	表示衣片部位标记
29	刀眼号		<	表示衣片部位对其标记
30	净样号		⎯Q⎯	表示样板没放缝份,是净板
31	毛样号		/////	表示样板已放缝份,是毛板
32	明线号		– – – – – –	表示缝纫需要绲明线的部位
33	对格符号		┼┼	表示格纹面料要求裁片及缝合时格纹要对齐,符号的纵横线应对应布纹
34	对条符号		┼	表示条纹面料要求裁片及缝合时条纹要对齐,符号的纵横线应对应布纹
35	对花符号		⧖	表示花纹面料要求裁片及缝合时花纹要对齐

表 1-10　服装结构制图代号

序号	中文	英文	缩写代号
1	长度	body length	L
2	肩宽	shoulder width	S
3	胸围	bust girth	B
4	腰围	waist girth	W
5	臀围	hip girth	H
6	领围	neck girth	N
7	领座	stand collar	SC
8	领高	collar rib	CR
9	领宽	neck width	NW
10	领围线	neck line	NL
11	胸围线	bust line	BL
12	上胸围线	chest bust line	CBL
13	下胸围线	under bust line	UBL
14	腰围线	waist line	WL
15	臀围线	hip line	HL
16	中臀围线	middle hip line	MHL
17	肘线	elbow line	EL
18	横裆线	crotch line	CL
19	膝围线	knee line	KL
20	前中心线	front central line	FC
21	后中心线	back central line	BC
22	颈前点	front neck point	FNP
23	颈椎(后)点	back neck point	BNP
24	颈侧点	side neck point	SNP
25	肩端点	shoulder point	SP
26	胸高点	bust point	BP
27	前胸宽	front bust width	FBW
28	后背宽	back bust width	BBW
29	前衣长	front length	FL
30	后衣长	back length	BL
31	前腰节长	front waist length	FWL

续表

序号	中文	英文	缩写代号
32	后腰节长	back waist length	BWL
33	袖长	sleeve length	SL
34	袖窿弧长	arm hole	AH
35	袖窿深	arm hole line	AHL
36	袖肥	biceps circumference	BC
37	袖口	cuff width	CW
38	袖山	arm top	AT
39	裤长	trousers length	TL
40	裙长	skirt length	SL
41	股下长	inside length	IL
42	前裆弧长	front rise	FR
43	后裆弧长	back rise	BR
44	脚口	slacks bottom	SB
45	头围	head size	HS

二、专业术语解读

（一）服装专业术语

（1）直丝　一般与布边平行方向的丝缕为经纱向，裁剪中直丝与衣片长度方向平行。

（2）横丝　一般与布边垂直方向的丝缕为纬纱向，裁剪中横丝与衣片围度方向平行。

（3）斜丝　一般与布边呈45°角的裁剪方向。具有很强的拉伸性，常用于服装的包边及装饰等部位。

（4）门幅　指面料门幅的宽度，有宽幅、窄幅之分。

（5）验色差　检查原料、辅料的色泽差，按色泽的差异级别分别归类。

（6）查疵点　检查原料、辅料的疵点。

（7）查纬斜　检查原料的纱线垂直度。

（8）复米（码）　复查每匹面料、辅料的长度。

（9）（表层）画样　用样板或漏画板按不同规格在原料上画出衣片裁剪线条。

（10）复查画样　复查表层画样的数量和质量。

（11）排料　在裁剪前，按照面料用量定额，有计划地进行样板排序操作。

（12）铺料　按照排料的长度、件数等要求，将面料平铺在裁床上。

（13）缝份（缝头）　指两层裁片缝合后被封住的预留的余缝。

（14）净缝　按所得规格比例绘出的衣片轮廓线。

（15）毛缝　实际裁剪面料时要在净缝的外侧加上适当的外放量，用作缝合成衣的缝份。

（16）电动开剪　服装生产线裁剪中按画样线条用电动裁剪工具裁片。

（17）钻眼（扎眼）　用电钻在衣片上做出缝制标记。

（18）打粉印　用画粉在裁片上做出缝制标记，一般作为暂时标记用。

（19）编号　将裁好的各种衣片按其裁床的顺序、铺层的顺序、规格号型、颜色等编印上相应的号码，同一件衣服的号码必须保持一致。

（20）配零料　配齐一件衣服的零部件材料。

（21）钉标签　将有顺序号的标签钉在衣服上。

（22）验片　检查裁片的质量。

（23）分片　将裁片分开整理，按序号配齐或按部件的种类配齐。

（24）段耗　指坯布经过铺料后断料所产生的损耗。

（25）裁耗　铺料后坯布在画样开裁中所产生的损耗。

（26）成衣坯布制成率　制成衣服的坯布重量与投料重量之比。

（27）缝合、合、缉　均指用缝合两层或以上的裁片，俗称缉缝、缉线。为了使用方便，一般将"缝合""合"称为暗缝，即在产品正面无线迹，"合"则是缝合的缩略词；"缉"称为明缝，即在成品正面有整齐的线迹。

（28）绱　亦称装，一般指部件安装在主件上的缝合过程。如绱领、绱袖、绱腰头、绱拉链、上松紧带等。

（29）打刀口　亦称打剪口、打眼刀、剪切口，"打"即剪的意思。例如在绱袖、绱领等工艺中，为了使袖、领与衣片吻合准确，而在规定的裁片边缘剪 0.3cm 深的小三角缺口作为定位标记。

（30）包缝　亦称锁边、拷边、码边，指用包缝线迹将裁片毛边包光，使织物纱线不易脱散。

（31）手针工艺　运用手工缝制衣料的各种工艺技术。

（32）装饰手针工艺　兼有功能性和艺术性，并以艺术性为主的手针工艺。

（33）针迹　织缝针刺穿缝料时在面料上形成的针眼。

（34）线距　缝合衣片时相邻缝线之间的缝线距离。

（35）线迹　指缝制物上两个相邻针眼之间的缝线形式。

（36）缝型（缝子）　指缝纫机缝合衣片的不同缝纫形式。

（二）结构制图术语

（1）基础线　在制图中控制长度和宽度尺寸所使用的横向线和纵向线。

（2）轮廓线　指部件或服装外部造型线条。

（3）辅助线　协助轮廓线绘制所采用的线条。辅助线在制图时要比轮廓线细。

（4）省道　简称省，依据需要将衣片折叠后，按省的造型及位置缉缝起来，以使衣片具有立体感，满足人体立体曲线的要求。例如，女衬衫和旗袍的胸省、西裤和一步裙的腰省等。

（5）褶裥　根据造型需要，把衣片的折叠处缝合起来，且下端开放不合，上端缝合在一起。例如，裤子前片的左右褶裥、裙子的腰部褶裥、男衬衫后片过肩处的褶裥等。

（6）叠（搭）门　衣片门襟左右两边重叠在一起的部位，是锁扣眼和钉扣的位置。锁扣眼的一面叫门襟，钉纽扣的一面叫里襟。此处男女装有别，女装衣片右片为门襟、左片为里襟；男装衣片左片为门襟、右片为里襟。叠门的宽度随着扣子的大小而变化。

（7）挂面　衣片门襟内侧另有一层比叠门宽很多的贴边，有助于增加前门襟挺括度，由于挂在衣服的前面又称前襟贴边。

（8）贴边　亦称折边，是服装翻折的部分。如上衣的下摆折边、袖口折边、袋口折边、裤子的脚口折边等。

（9）止口　门襟、领子、腰头、兜盖等结构的外边缘处。

（10）覆肩　衬衫肩部前后分割后相拼形成的部分，也称过肩。

（11）复势　又称复肩，指某些款式在肩部覆盖一层，形成肩部双层的效果。如衬衫背部。

（12）克夫　袖口或底摆处的双层的接缝部分。

（13）育克　指服装上端，如胸部或背部上端做出分割造型的部分。由于风衣、雨衣的育克做法还有挡雨的作用，故又有雨挡之称。

（14）袖窿深　指肩点到腋下的直线距离。

（15）挂肩长度　一指肩端点到胸宽点的直线长度；二指前后袖窿弧的长度。

（16）大开门　袖叉上层有宝剑头的部位，一般宽度为 2.2~2.5cm，用于锁眼。

（17）小开门　指袖叉下层部位，一般宽度为 1~1.2cm，用于钉纽扣。

（18）起翘　指线条的延伸，主要指裤子后腰、上衣底边等与基础线拉伸的距离。

（19）胖势　亦称凸势，指为适应人体凸出的部位，服装相应做出凸出的曲线造型，使服装整体圆顺、饱满，满足人体形体需求。例如，上衣的胸部、裤子的臀部等，都需要有适当的胖势。

（20）胁势　亦称凹势，指为适应人体凹陷的部位，服装相应做出凹陷的曲线造型，使服装整体圆顺、饱满，满足人体形体需求。例如，西服上衣腰围处、裤子后档以下的大腿根部位等，都需要有适当的胁势。

（21）困势　裤子后片档缝比前片档缝倾斜的程度，倾斜程度的大小影响着困势的大小。

（22）弯势　轮廓曲线与绘制该曲线所做的辅助线的弯曲程度称之为弯势。

（23）窜高　制图时上衣后片的上平线比前片的上平线高出的部分。窜高的大小通常与人体背部的厚度有关。

（24）驳头　衣服领子上部随衣片向外翻转，挂面上段裸露在外的部分。如西装领向外翻折的部分。

（25）驳口线　也称翻折线或翻驳线，指的是驳头翻折部分的直线。绘图时注意要用双点画线绘制。

（26）串口线　与领子原型相切，与驳口线相交的一条直线。

（三）缝制操作术语

（1）烫原料　将要裁剪的面料熨烫其面料上出现的褶皱。

（2）刷花　在裁剪绣花部位上印刷花印。

（3）修片　按标准样板修剪毛坯裁片。

（4）打线钉　一般制作高档服装（如毛呢服装），在服装对位部分（兜位、省位、纽扣位等）用白棉纱线在裁片上做出缝制标记。

（5）剪省缝　将毛呢服装上因缝制后的厚度影响衣服外观的省缝剪开。

（6）环缝　将毛呢服装剪开的省缝，用环形针法绕缝，以防止出现纱线脱散现象。

（7）缉省缝　将省缝折合并按省的造型缉缝在一起。

（8）烫省缝　将省缝倒向一面熨烫，或劈开熨烫。

（9）归拔　运用高温定型，通过拉伸和归拢的手法使平整的面料变得立体起来。

（10）缉衬　将衬布缉缝在衣片上。

（11）烫衬　熨烫缉缝好的胸衬，使其形成符合人体胸部的造型。

（12）敷（胸）衬　在前衣片上敷胸衬，使衣片与衬布贴合一致，且衣片布纹处于平衡状态。

（13）纳驳头　亦称扎驳头，用手工或机扎驳头。

（14）敷止口牵条　将牵条用手针工艺或高温熨烫粘贴在止口部位。

（15）敷驳口牵条　将牵条用手针工艺或高温熨烫粘贴在驳口部位。

（16）敷挂面　将挂面敷在前衣片止口部位。

（17）合止口　将衣片和挂面在门里襟止口处机缉缝合。

（18）扳止口　将止口毛边与前衬布用斜针扳牢。

（19）扎止口　在翻出的止口上，手工或机扎一道临时固定线。

（20）叠暗门襟　暗门襟扣眼之间用暗针缝牢。

（21）定眼位　按衣服长度和造型要求画准扣眼位置。

（22）锁扣眼　在指定的位置上，将扣眼毛边用扣眼线锁光。一般分机锁和手工锁眼。

（23）开袋口　将已缉好袋嵌线的袋口中间部分剪开。

（24）封袋口　将已开好的袋口两端缉倒回针封口，也可用专业的缝结机封口。

（25）敷背衩牵条　将牵条布缝在后背衩的边缘部位。

（26）封背衩　将背衩上端封结，一般有明封与暗封两种方法。

（27）扣烫底边　将底边折光或折转熨烫。

（28）缲底边　将底边与大身缲牢，有明缲与暗缲两种方法。

（29）敷袖窿牵条　将牵条布缝在后衣片的袖窿部位。

（30）缲袖衩　将袖衩边与袖口边缲牢固定。

（31）倒钩袖窿　沿袖窿用倒钩针法缝扎，使袖窿牢固。

（32）叠袖里缝　将袖子面、里缉缝对齐扎牢。

（33）收袖山　抽缩袖山上的松度或缝吃头。抽缩时以袖山顶点两侧居多。

（34）滚袖窿　用滚条将袖窿毛边包光，增加袖窿的牢度和挺度。

（35）缲袖窿　将袖窿里布固定于袖窿上，然后将袖子里布固定于袖窿里布上。

（36）叠肩缝　将肩缝份与衬布扎牢。

（37）做垫肩　用布和棉花或中空纤维等做成衣服垫肩。

（38）装垫肩　将垫肩装在袖窿肩头部位，使其最厚部位位于人体肩线上。

（39）包底领　底领四边包光后缉缝。

（40）包领里　将西服、大衣领面外口包转，用三角针与领里绷牢。

（41）倒钩领窝　沿领窝用倒钩针法缝制。

（42）拼领衬　在领衬拼缝处机缉缝合。

（43）拼领里　在领里拼缝处机缉缝合。

（44）敷领面　将领面敷上领里，使领面、领里复合在一起，领角处的领面要宽松些。

（45）缲领钩　将底领领钩开口处用手工缲牢。

（46）翻门襻　门襻缉好后将正面翻出。

（47）绱门襻　将门襻安装在裤片门襟上。

（48）绱里襟　将里襟安装在里襟上。

（49）绱腰头　将腰头安装在裤片腰口处。

（50）绱拉链　将拉链装在门里襟或侧缝等服装需要安装的部位。

（51）绱松紧带（橡皮筋）　将松紧带装在袖口底边等服装需要安装的部位。

（52）封小裆　将小裆开口机缉或手工封口，增加前门襟开口的牢度。

（53）钩后裆缝　在后裆缝弯处用粗线做倒钩针缝，增加后裆缝的穿着牢度。

（54）抽褶　又称收细裥，是缝纫制作中一种常用工艺。用缝线抽缩成不规则的细褶。

（55）里外匀　亦称里外容，是服装缝纫工艺常用的技艺手法，将两片外层大、里层小的部件或部位均匀地合成等大，会由于外层松、里层紧而形成自然卷曲状态。其缝制加工的过程称为里外匀工艺，如钩缝袋盖、驳头、领子等。

（56）吃势　亦称层势。吃指缝合时使衣片缩短，吃势指缩短的程度，多用在里外匀工艺上。

（57）回势　指被拔开部位的边缘处呈现荷叶边形状，亦称还势。

（58）借势　借势是指在两层衣片的缝纫过程中，发现有长短不齐的现象时，需要采取一些工艺措施来把它借平或借齐。如将长出的一层做稍微的放松层进，或将缩短的一层做适当的拉紧。

（59）耳朵皮　指西服或大衣的挂面上部有像耳朵形状的结构，可有圆弧形和方角形两类。方角耳朵皮须与衣里拼缝后再与挂面拼缝；圆弧耳朵皮则与挂面连裁，绲边后搭缝在衣里上。西服上衣里袋开在耳朵皮上。

(60) 定型　结合面料特征，采用一定的工艺手法使裁片或成衣形态具有一定的稳定性的工艺过程。

(61) 塑形　指将裁片加工成所需要的形态。

（四）成品质检术语

(1) 起壳　指服装的面料与衬料不贴合，即里外层不相融。

(2) 反翘　在服装缝制过程中，由于里外匀未处理好，产生里松外紧的现象，造成起翘。根据服装缝制的工艺要求，不论是衣领的领角或袋盖、门襟止口等，只能略向里弯曲，成圆弧的窝势，不能向外上翘弯曲，向外弯曲即称反翘，这是不合质量要求的。

(3) 起皱　又称起绉。在缝纫过程中，由于上下两层衣片的松紧没有掌握好，造成一层紧一层松，松的部位就会出现皱起不平服的现象。不论是衣片起皱还是衣缝起皱，都是缝纫时出现的弊病，都有损服装的外形美观。一般起皱指衣片或衣缝的横向皱起，起绉指衣片或衣缝的斜向皱起。

(4) 极光　熨烫时裁片或成衣下面的垫布太硬或无垫布盖烫而产生的亮光。如华达呢、哔叽较容易产生极光。如想消除极光需在有极光处盖水布，用高温熨斗快速轻轻熨烫，趁水分未干时揭去水布自然晾干，此种方法称为起烫。

(5) 起吊　指使衣缝皱缩、上提或成品上衣面、里不符，里子偏短引起的衣面上吊、不平服。常见的有裤子裆缝起吊、上衣的背缝起吊、袖缝起吊等。对某些有夹里的服装，由于夹里太短或过紧，也会引起面料起吊。

(6) 止口反吐　指将两层裁片缝合并翻出后，里层止口超出面层止口。

(7) 座势　指两层衣片缝合翻出时，衣缝没有翻足，还有一部分卷缩在里面。

(8) 不匀　是指在缝纫过程中，对衣片和缝纫机的速度控制不当，造成衣片的缝纫速度忽快忽慢、轻重不一，导致衣片的吃势不匀、波浪不匀、针码不匀等。

(9) 翘势　主要指小肩宽外端略向上翘。

(10) 双轨线　又称接线不齐。在缝纫时由于断线等原因导致需要重新接线，如线迹接不好，原先只需一道针迹缝线的变成双道缝线针迹，俗称"双轨线"。

(11) 眼皮　亦称掩皮，指衣片里子边缘缝合后，为避免里层不外露，将里层向内均匀收紧，尺寸控制在0.1~0.2cm。如带夹里的衣服下摆、袖口等处都应留眼皮，但如在衣面缝接部位出现眼皮则是弊病。

(12) 水渍印　指烫熨时熨斗漏出的水点或盖水布熨烫不匀而出现水渍。

(13) 对称　是指服装成品的左右衣片、造型、线缝、衣料的条格、图案纹样等都是对应一致的，这种对称是所有中开襟服装（包括裤和裙）的主要质量要求之一。

(14) 圆顺　不论是服装成品的外形轮廓，还是具体的衣缝线条，都要求自然、流畅。如对女士服装来讲，造型要求彰显服装的飘逸、舒展感，忌生硬、呆板或出现打煞凹（即突然地伸出或凹进）的现象。

（15）平服　是指成衣平整、不起翘，不会出现因缝纫后而出现的起吊、起皱现象。

（16）窝势　又称窝服。当两层或两层以上面料缝合时，表层面料不可露出止口缝合线，且要有立体感，呈现正面略凸、反面凹进的卷曲的弧状。

（17）戤势　在正规西服或各类男式上衣的后衣片和袖窿的交合部位，应有一定余量的宽出，形成起伏的波浪，称"戤势"。宽出的余量越多戤势就越足。戤势一般在1cm左右。

（18）方整　就男式服装而言，要求服装成品的外形轮廓或衣缝线条平直挺括、整齐端庄、气派。

（19）登立　与瘪含义相反，即要求服装成品具有立体感。如上衣的后背要求登立，登立不能成为曲形。

（20）平薄　各类毛呢服装的止口如门襟止口、领止口等在缝制时要求平薄。有时因毛呢衣料较厚，在缝制时应采取相应的技术措施。如用熨斗熨烫等，使之做薄。

（21）饱满　西式毛呢外衣，前胸部位都附有衬料，因此在做衬和敷衬时，应通过一定的工艺处理，使胸部圆顺有立体感。

（22）回口　衣服的横向边缘或斜向衣片边沿，由于没敷黏合衬或是缝制的时候拉伸过大，使得部位出现松弛现象。如领子弧度是否平顺、斜插袋是否平整等，均是服装检查的重点。

三、服装号型与规格

服装规格尺寸，除了有量体裁衣外还有国家标准的服装号型规格，标准号型规格是通过测量我国人口的大数及各种体态特征人群而得来的具有代表性和准确性的统一的规格型号。它为服装工业化、规模化、标准化生产的理论依据，同时也为消费者选购服装尺码提供了可靠的科学依据。

我国第一部国家统一号型标准是在1981年制定的。经过十多年的运用，体现出它的不足，在总结经验的基础上进行了多次更为标准化的修订。国家技术监督局于1997年颁布了GB/T 1335—1997《服装号型》标准，并于1998年6月1日起正式实施。2008年对该标准进行了修改，改变了过去我国服装规格和标准尺寸只注重成衣号型而不注重人体尺寸的弊端。号型分为成年男体、成年女体和童体三大类。

（一）号型的定义

（1）"号"　人体的身高，以厘米为单位表示，是设计和选购服装长短的依据。它控制着长度方向的各种数值。如颈椎点高、坐姿颈椎点高、腰围高、全臂长等，它们会随着"号"的变化而变化。

（2）"型"　指人体上体胸围或下体腰围，以厘米为单位表示，是设计和选购服装肥瘦的依据。它控制着围度方向的各种数值。如臀围、颈围、肩宽等，它们会随着"型"的变化而变化。

（3）号型表示方法　如上装 160/84A、下装 160/68A。其中"160"就为"号"，"84"和"68"就为"型"。此处提到的"A"为"标准体"的代码，后面将会给大家详细介绍人体体型的分类。

（4）号型应用　如 165/88A 适合身高 153～167cm、胸围 86～89cm、胸腰差 14～18cm 的人穿着。

（二）人体体型的分类

为了更标准地区分体型，服装号型还以人体的胸围和腰围的差额为依据进行区分，将人体划分为 Y 型、A 型、B 型、C 型四大体型。表 1-11、表 1-12 给出了我国人体女子体型分类和全国及分地区女子各体型所占的比例。

表 1-11　我国人体女子体型分类

体型分类代码	女子胸腰差值	体态类型
Y 型	19～24cm	偏瘦体
A 型	14～18cm	标准体
B 型	9～13cm	偏胖体
C 型	4～8cm	肥胖体

表 1-12　全国及分地区女子各体型所占的比例　　　　　单位：%

地区	Y 型	A 型	B 型	C 型	其他型
华北、东北	15.15	47.16	32.22	4.47	0.55
中西部	17.50	46.79	30.34	4.52	0.85
长江下游	16.23	39.96	33.18	8.78	1.85
长江中游	13.93	46.48	33.89	5.17	0.53
广东、广西、福建	9.27	38.24	40.67	10.86	0.96
云、贵、川	15.75	43.41	33.12	6.66	1.06
全国	14.82	44.13	33.72	6.45	0.88

（三）号型系列

（1）5·4 系列　按身高 5cm 跳档，胸围或腰围按 4cm 跳档。

（2）5·2 系列　按身高 5cm 跳档，腰围按 2cm 跳档。5·2 系列一般只适用于下装。

（3）档差　跳档数值又称为档差。以中间体为中心，向两边按照档差依次递增或递减，从而形成不同的号和型，号与型进行合理的组合与搭配形成不同的号型，号型标准给出了可以采用的号型系列。表 1-13～表 1-18 是女装常用的号型系列。

表 1-13 女装号型系列分档数值 （一）

单位：cm

Y 型

体型 部件	中间体 计算数	采用数	5·4系列 计算数	采用数	5·2系列 计算数	采用数	身高、胸围、腰围每增减1cm 计算数	采用数
身高	160	160	5	5	5	5	1	1
颈椎点高	136.2	136.0	4.46	4.00			0.89	0.80
坐姿颈椎点高	62.6	62.5	1.66	2.00			0.33	0.40
全臂长	50.4	50.5	1.66	1.50			0.33	0.30
腰围高	98.2	98.0	3.34	3.00	3.34	3.00	0.67	0.60
胸围	84	84	4	4			1	1
颈围	33.4	33.4	0.73	0.80			0.18	0.20
总肩宽	39.9	40.0	0.70	1.00			0.18	0.25
腰围	63.6	64.0	4	4	2	2	1	1
臀围	89.2	90.0	3.12	3.60	1.56	1.80	0.78	0.90

A 型

体型 部件	中间体 计算数	采用数	5·4系列 计算数	采用数	5·2系列 计算数	采用数	身高、胸围、腰围每增减1cm 计算数	采用数
身高	160	160	5	5	5	5	1	1
颈椎点高	136.0	136.0	4.53	4.00			0.91	0.80
坐姿颈椎点高	62.6	62.5	1.65	2.00			0.33	0.40
全臂长	50.4	50.5	1.70	1.50			0.34	0.30
腰围高	98.1	98.0	3.37	3.00	3.37	3.00	0.68	0.60
胸围	84	84	4	4			1	1
颈围	33.7	33.6	0.78	0.80			0.20	0.20
总肩宽	39.9	39.4	0.64	1.00			0.16	0.25
腰围	68.2	68.0	4	4	2	2	1	1
臀围	90.9	90.0	3.18	3.60	1.60	1.80	0.80	0.90

表 1-14 女装号型系列分档数值 （二）

单位：cm

B 型

体型 部件	中间体 计算数	采用数	5·4系列 计算数	采用数	5·2系列 计算数	采用数	身高、胸围、腰围每增减1cm 计算数	采用数
身高	160	160	5	5	5	5	1	1
颈椎点高	136.3	136.5	4.57	4.00			0.92	0.80
坐姿颈椎点高	63.2	63.0	1.81	2.00			0.36	0.40
全臂长	50.5	50.5	1.68	1.50			0.34	0.30
腰围高	98.0	98.0	3.34	3.00	3.30	3.00	0.67	0.60
胸围	88	88	4	4			1	1
颈围	34.7	34.6	0.81	0.80			0.20	0.20
总肩宽	40.3	39.8	0.69	1.00			0.17	0.25
腰围	76.6	78.0	4	4	2	2	1	1
臀围	94.8	96.0	3.27	3.20	1.64	1.60	0.82	0.80

C 型

体型 部件	中间体 计算数	采用数	5·4系列 计算数	采用数	5·2系列 计算数	采用数	身高、胸围、腰围每增减1cm 计算数	采用数
身高	160	160	5	5	5	5	1	1
颈椎点高	136.5	136.5	4.48	4.00			0.90	0.80
坐姿颈椎点高	62.7	62.5	1.80	2.00			0.35	0.40
全臂长	50.5	50.5	1.60	1.50			0.32	0.30
腰围高	98.2	98.0	3.27	3.00	2.37	3.00	0.65	0.60
胸围	88	88	4	4			1	1
颈围	34.9	34.8	0.75	0.80			0.19	0.20
总肩宽	40.5	39.2	0.69	1.00			0.17	0.25
腰围	81.9	82.0	4	4	2	2	1	1
臀围	96.0	96.0	3.33	3.20	1.66	1.60	0.83	0.80

表 1-15　5·4、5·2 女子 Y 号型系列腰围　　　　单位：cm

胸围	身高													
	145		150		155		160		165		170		175	
72	50	52	50	52	50	52	50	52						
76	54	56	54	56	54	56	54	56	54	56				
80	58	60	58	60	58	60	58	60	58	60	58	60		
84	62	64	62	64	62	64	62	64	62	64	62	64	62	64
88	66	68	66	68	66	68	66	68	66	68	66	68	66	68
92			70	72	70	72	70	72	70	72	70	72	70	72
96					74	76	74	76	74	76	74	76	74	76

表 1-16　5·4、5·2 女子 A 号型系列腰围　　　　单位：cm

胸围	身高																				
	145			150			155			160			165			170			175		
72				54	56	58	54	56	58	54	56	58									
76	58	60	62	58	60	62	58	60	62	58	60	62	58	60	62						
80	62	64	66	62	64	66	62	64	66	62	64	66	62	64	66	62	64	66			
84	66	68	70	66	68	70	66	68	70	66	68	70	66	68	70	66	68	70	66	68	70
88	70	72	74	70	72	74	70	72	74	70	72	74	70	72	74	70	72	74	70	72	74
92				74	76	78	74	76	78	74	76	78	74	76	78	74	76	78	74	76	78
96							78	80	82	78	80	82	78	80	82	78	80	82	78	80	82

表 1-17　5·4、5·2 女子 B 号型系列腰围　　　　单位：cm

胸围	身高													
	145		150		155		160		165		170		175	
68			56	58	56	58	56	58						
72	60	62	60	62	60	62	60	62	60	62				
76	64	66	64	66	64	66	64	66	64	66				
80	68	70	68	70	68	70	68	70	68	70	68	70		
84	72	74	72	74	72	74	72	74	72	74	72	74	72	74
88	76	78	76	78	76	78	76	78	76	78	76	78	76	78
92	80	82	80	82	80	82	80	82	80	82	80	82	80	82
96			84	86	84	86	84	86	84	86	84	86	84	86
100					88	90	88	90	88	90	88	90	88	90
104							92	94	92	94	92	94	92	94

表 1-18 5·4、5·2 女子 C 号型系列腰围 单位：cm

胸围	身高													
	145		150		155		160		165		170		175	
68	60	62	60	62	60	62								
72	64	66	64	66	64	66	64	66						
76	68	70	68	70	68	70	68	70						
80	72	74	72	74	72	74	72	74	72	74				
84	76	78	76	78	76	78	76	78	76	78	76	78		
88	80	82	80	82	80	82	80	82	80	82	80	82		
92	84	86	84	86	84	86	84	86	84	86	84	86	84	86
96			88	90	88	90	88	90	88	90	88	90	88	90
100			92	94	92	94	92	94	92	94	92	94	92	94
104					96	98	96	98	96	98	96	98	96	98
108							100	102	100	102	100	102	100	102

第二章
半身裙的结构设计与缝制要领

　　人类最早的服装是由树皮、动物的皮毛等制成，覆盖在臀、腰部，用以御寒、遮羞等，这就是裙子最早的雏形。直至今天，经历了千百年的变化，裙子依然受到设计师及女性穿着者的喜爱。半身裙是女子腰部以下主要的服装，款式变化多种多样，是裙装设计及变化的主体和重点。本章主要讲解半身裙的结构设计及其工艺制作，包括半身裙的分类，半身裙基本型制图，半身裙的款式结构变化，女款西服裙的工艺制作等。

第一节
裙子的分类

一、按轮廓形态分

　　一般来说，按照半身裙的外轮廓形态，可以分为 H 形、A 形、T 形、O 形等（图 2-1）。

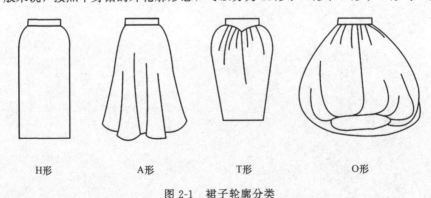

H形　　　　　A形　　　　　T形　　　　　　　O形

图 2-1　裙子轮廓分类

　　按照裙摆轮廓宽散程度的不同，还可以分为紧身裙、直筒裙、半紧身裙、斜裙、圆裙等（图 2-2）。

二、按长度分

按照裙子下摆距离地面的高低程度，或者说裙子裙摆在人体的相对位置进行分类。

① 裙子下摆位置长于人体脚部，拖到地面，成为拖地裙。

② 裙子下摆位置在人体小腿肚以下，称为长裙。

③ 裙子下摆位置在人体膝盖以下、小腿肚以上称为中长裙。

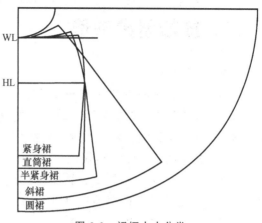

图 2-2　裙摆大小分类

④ 裙子下摆位置在人体膝盖以上、大腿中部以下称为短裙。

⑤ 裙子长度在人体大腿中部以上称为迷你裙。

三、按腰节高度分

按照半身裙腰位与人体实际腰位的相对位置，将裙子分为低腰裙、无腰裙、中腰裙、高腰裙等（图 2-3）。

图 2-3　腰节位置分类

此外，按照裙子腰头的款式结构，还可以分为连腰裙、无腰裙、装腰裙等。

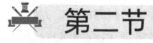

第二节
半身裙基本型制图

一、半身裙各部位结构线名称

半身裙各部位结构线名称见图 2-4。

二、放松量参考值

1. 省量的设计

省量的确定，主要取决于省在服装中的作用。一般来讲，省是将平面的面料转化成立体服装造型的关键，也是调整腰围、臀围差量的必要手段。

从人体的正面看，臀腰部分有一个差量，从平面图上看是一个夹角，如图 2-5 中 α。研究表明 α 约 8°，这个角度就是进行裙装省量设计的参考量。根据测量的臀腰直线距离 BC，已知角度 α，可以近似得出 AB 的距离，这个距离就是我们做裙子臀腰省的参考量之一（图 2-5）。

从人体的侧面看，人体腹部有凸起，腰部有凹陷，臀部的凸起与腰部的凹陷有一个夹角 β。根据 β 及臀腰直线距离，可以获取一个参考量，这也是做臀腰省的必要参考量之一（图 2-6）。

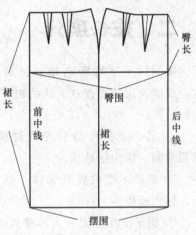

图 2-4　半身裙各部位结构线名称

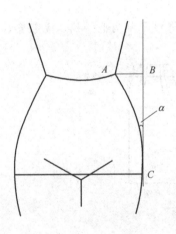

图 2-5　人体正面

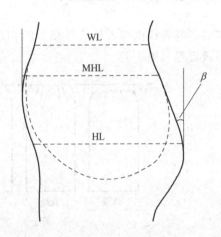

图 2-6　人体侧面

此外，人体处于运动状态时，臀部和腰部的活动方向和活动幅度并非完全一致，就需要考虑到人体必要的活动量以及呼吸量，这是臀腰省设计的又一参考量。

2. 腰口起翘量的设计

腰口的起翘主要缘于人体体型。从人体腰部横截面来看，腰部是椭圆形的，腰线必然要起翘才能与人体贴合。

3. 后中心腰部下落

人体腹部凸出，较臀部凸出在高位，导致腰节前高后低，底摆线不平衡，后中心面料不服帖。为了改善这些问题，需要在后中心将腰线向下落。

三、基型裙制图步骤

1. 基型裙（筒裙）

传统修身直筒裙，其腰口前后各有 4 个省。

2. 测量要点

（1）裙长　从腰部最细处垂直测量至膝盖处。

（2）腰围　沿人体腰部最细处水平围量一周。

（3）臀围　沿人体臀部最丰满处水平围量一周。

（4）臀长　从腰围线至臀围最丰满处的距离。

3. 放松量设计

（1）裙腰围的放松量　一般可控制在 0～2cm。无腰和低腰裙可不加放松量。

（2）裙臀围的放松量　在 4～6cm 为宜，一般为 4cm。

4. 制图步骤（图 2-7）

（1）选择号型　160/64A（20～30 岁）。

（2）制图规格

部位	裙长	腰围	臀围	腰头
规格/cm	55	64	88	3

（3）绘制基础线

① 作长方形：长为裙长－3cm（腰头宽），宽为 H/2＋2cm。确定左边为后中心线，右边为前中心线，上边为上平线，下边为下平线（裙摆线）。

② 确定臀围线：从上平线向下量 0.1 号＋（1～2）＝18cm 做水平线，为臀围线。

③ 确定侧缝线：在臀围线的中点向后片偏 1cm，作上平线的垂线，交至下平线，为侧缝线，其中左侧为后片，右侧为前片。

（4）绘制轮廓线

① 其中前臀围线为（H＋4）/4＋1cm；后臀围线为（H＋4）/4－1cm。

② 侧缝省取 1～2cm，这里取 1.5cm；侧缝起翘根据人体体型确定，这里取 1.5cm，然后调整侧缝弧线。

③ 从前中心线至侧缝起翘点之间量取前腰围 W/4＋1cm；从后中心线下落 0.7cm 处至侧缝起翘点之间量取后腰围 W/4－1cm。其中多出来的量分别为前后腰围省量 2● 和 2▲。

④ 在前腰节线上，将前中心至侧缝起翘点以微凹曲线画顺，并三等分，以两个等

分点为中心，设置为省位，省量分别取1/2省量。

　　其中前腰省量为（前臀围－前腰围－侧缝省)/2＝●；后腰省量为（后臀围－后腰围－侧缝省)/2＝▲。

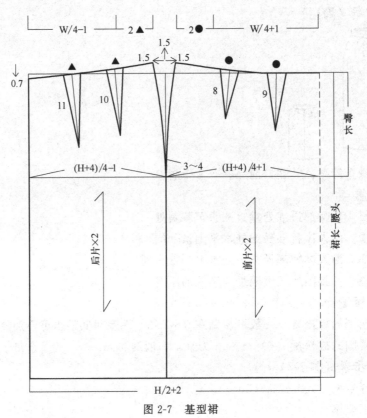

图 2-7　基型裙

第三节
裙 子 变 化

　　裙子结构变化的方法是在基型裙的基础上，进行变款结构处理。具体操作可以采用基础裙片进行省道转移、剪切、展开、移位、合并、变形等方法来实现。

　　除了廓形的变化外，还可以通过分割和施加褶量的方式增加装饰部件，或进行不同颜色、花形及不同质地的面料搭配、组合，从而使裙装变化多姿多彩。

一、裙子省道变化

　　省道转移即是将基型裙上的省道转移到裙子的其他部位，经过转移之后的裙款依然能适应人体曲线造型，保证裙子的穿着合体性。A形裙是裙子省道变化的一个实例（图 2-8）。

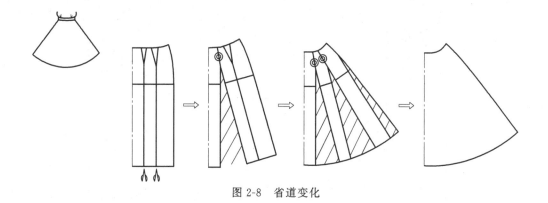

图 2-8　省道变化

二、裙子分割变化

分割是服装中常用的结构设计手法。裙子的分割变化，包括裙子的纵向分割、横向分割及斜向分割。无论纵向分割、横向分割或斜向分割，都既要满足服装的基本功能性作用，又要符合人们的审美要求。

1. 横向分割线的设计

裙装的育克设计是我们常见的横向分割设计，最基本的设计思想来自于省道转移。这种横向的分割设计可以最大限度地保持裙装与人体体型的高度贴合，表现出女性的体型特征。在结构设计中，丰富了服装结构表现力。

图 2-9 所示的这款裙子臀围处的分割线就是育克线。可以通过最直观的方法，由基型裙的变化得来。

① 分析款式图，确定分割线的位置，然后沿着分割线剪开。

② 分别合并基型裙的两个省位。

③ 圆顺新的腰围线和育克曲线，这款横向分割的育克裙就完成了。

2. 纵向分割的设计

一般来说，竖向分割一般应用在多片裙类款式中，有四片裙、六片裙、八片裙等。

（1）四片裙　四片裙可以从基础裙型直接变化而来，在侧缝处分出前后裙片，分别在前裙片和后裙片的中心设定分割线。其基本的方法是将基础裙型上的一个省转移到前后中心的分割线上和侧缝处；一个省通过转移让裙摆自然散开，最后对轮廓线进行调整，平衡整体效果，完成裙子的结构设计（图 2-10）。

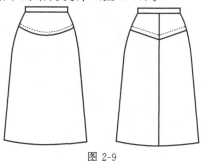

图 2-9

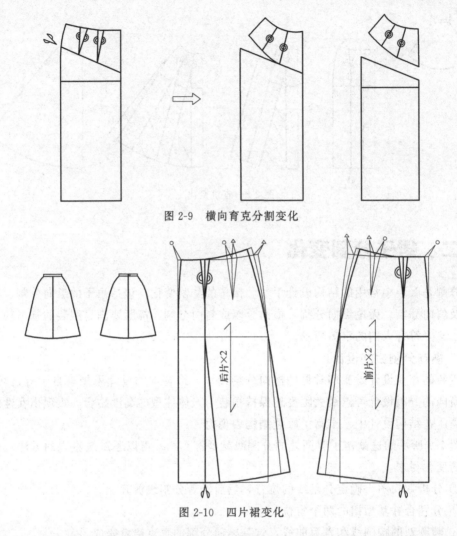

图 2-9　横向育克分割变化

图 2-10　四片裙变化

（2）六片裙　六片裙是以侧缝线为界，将前后裙片各分成 3 片，拉链可设置在侧缝位置。具体操作方法：首先，在基型裙型上，将前后裙片各三等分，取近前后中心线的等分点，通过此点确定分割线；然后将基础裙型上的省道转移到分割线上，让裙摆自然散开，修顺轮廓线。此外，前后中心线不能断开，以保证前后片是整片，其中前片包含一个前片和两片前侧片，后片包含一个后片和两片后侧片（图 2-11）。

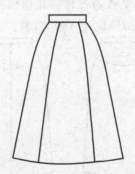

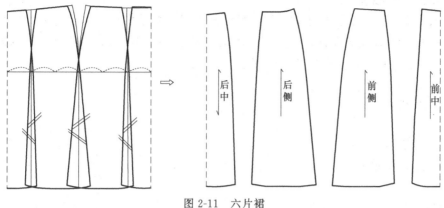

图 2-11　六片裙

（3）八片裙　八片裙是以侧缝线为界，将前后裙片各分成 4 片，拉链可设置在后中心或者侧缝位置。

这里讲两种结构设计方法。第一种基本操作思路可借鉴六片裙。先在基础裙型上，将前后片各两等分，过等分点位置确定分割线；再将省量转移到分割线，其中，前后中心也需要承担一部分省量，然后调整轮廓线即可完成制图。第二种直接绘图，考虑到整个八片裙是由板型几乎相同的 8 片组成，所以只需要绘制其八分之一即可，如图 2-12 所示，后中心线位置稍调整后中心下落量即可。

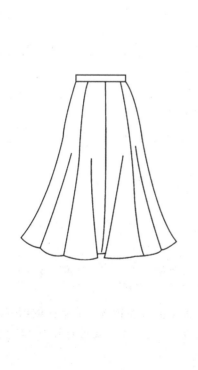

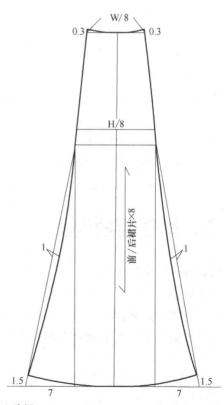

图 2-12　八片裙

3. 其他分割设计

在实际操作中，常常不是单一的一种分割方式，而是多种结构设计方法的综合应用。图 2-13 所示的这款同样是育克裙，但是除了育克的造型之外，还加入了纵向分割的结构设计。我们可以分以下几个步骤进行。

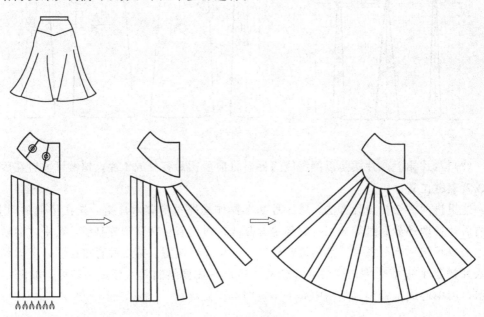

图 2-13　分割变化

首先，观察此款裙子款式特点，裙片前面臀腰部合体，有 V 形的育克线，育克线以下裙摆散开，产生自然的波浪褶。

其次，在结构处理上，我们可以通过以下几个步骤来完成这款裙子的结构设计。

① 借鉴前面讲到的育克处理方式来转移裙子的臀腰省量。

② 在育克线以下的纸样部分确定剪开线，剪开不剪断，再利用施加褶量的方法从裙摆处拉开来扩展裙摆量，然后修顺轮廓线。

③ 利用斜裁的方法来进一步追加自然褶量，满足款式效果。

三、裙子褶裥变化

服装的褶裥造型可分为自然褶和规律褶两大类。自然褶有波形褶和缩褶两种形，规律褶包含塔克褶和普列特褶等。

裙子的褶具有随意性、合身性、变化丰富、造型多样活泼的特点，有规律的褶表达出秩序感和层次感。由于褶裥的这些特点，使其在女性裙装的结构设计中应用尤为广泛。

1. 多褶裙

此裙褶为规律褶，在结构处理上，我们可以通过以下几个步骤来完成这款裙子的结构设计。

① 首先按照款式效果确定横向分割线位置，剪开后转移臀腰省。

② 横向分割线以下部分确定褶位，先在纸样上标注好，然后沿标注线剪开，在剪开处根据款式效果施加均匀的褶量。

③ 工艺上按照图 2-14 所示的褶裥效果来完成款式制作。

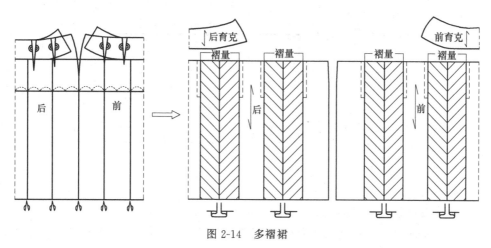

图 2-14 多褶裙

2. 塔克裙

① 首先按照款式效果确定塔克褶位置，将臀腰省转移到褶位处，成为曲线省。

② 沿着褶位剪开并拉伸，将省量追加到褶量中，并根据款式效果进一步调整，施加褶量，如图 2-15 中阴影部分所示。

③ 工艺上按照图 2-15 所示的褶裥效果来完成款式制作。

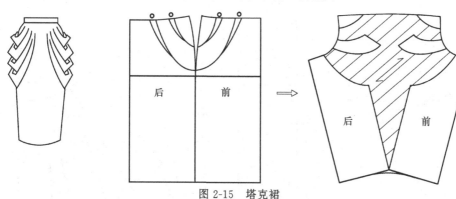

图 2-15 塔克裙

3. 多层裙

① 首先按照款式效果确定横向分割线位置，这里为了视觉平衡，将裙长六等分，

再按照一定比例确定中间两条分割线位置。

　② 在每条分割线上，再施加本来围度的 2/3 的量作为碎褶量。

　③ 工艺上按照图 2-16 所示的碎褶效果来完成款式制作。

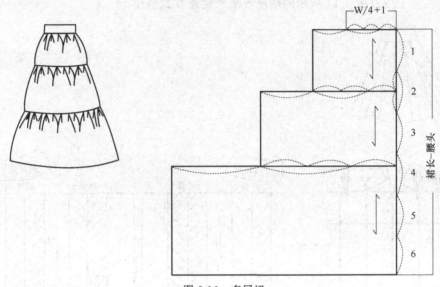

图 2-16　多层裙

4. 鱼尾裙

　① 首先按照款式效果确定横向分割线位置，并剪开。

　② 在分割线以下，根据褶量大小确定展开线条数，在纸样上均匀标注展开线位置，然后沿着展开线剪开，注意剪开不剪断，然后从裙摆处拉开剪开线来扩展裙摆量，修顺轮廓线。

　③ 分割线以下斜裁，形成自然褶（图 2-17）。

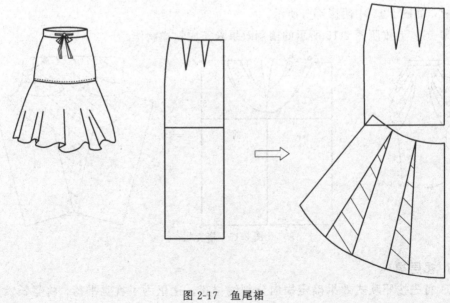

图 2-17　鱼尾裙

第四节
女西服裙制图与工艺流程

一、西服裙制图步骤

1. 款式特点

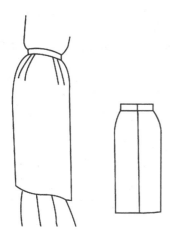

西服裙从腰围到臀围比较合体，从臀围到下摆为直线轮廓，是半身裙最基本的款式。裙子前片为一个整片，后片分两片，前后片各有四个省。后腰口处绱拉链，下摆后中心处做开衩。

2. 面料与辅料

（1）面料　中厚、悬垂度高的面料，如毛呢、棉毛、棉织物等。

（2）里料　斜纹绸、棉细布等。

（3）衬料　无纺衬 50cm。

（4）纽扣　1.5cm 左右直径扣子 1 粒。

（5）拉链　25cm 长顺色隐形拉链 1 条。

3. 西服裙规格设计

表 2-1～表 2-5 列出了西服裙的各种规格。

表 2-1　女西服短裙成品规格（5·2系列）　　　　　　单位：cm

部位	型				分档数值
	160/62Y	160/66A	160/76B	160/80C	
裙长	60	60	60	60	2
腰围	63	67	77	81	2

续表

部位	型				分档数值
	160/62Y	160/66A	160/76B	160/80C	
臀围	92.2	92.2	98.4	98.4	Y、A=1.8 B、C=1.6
设计依据	裙长=2/5 号—4cm 腰围=型+1cm　　　　　　臀围加放量=臀围净体+4cm				

表 2-2　女西服裙成品规格（5·2系列，Y体型）　　　　　　单位：cm

部位			型													
			50	52	54	56	58	60	62	64	66	68	70	72	74	76
腰围			51	53	55	57	59	61	63	65	67	69	71	73	75	77
臀围			81.4	83.2	85.0	86.8	88.6	90.4	92.2	94.0	95.8	97.6	99.4	101.2	103.0	104.8
号	145	裙长	54	54	54	54	54	54	54	54	54	54				
	150	裙长	56	56	56	56	56	56	56	56	56	56	56	56		
	155	裙长	58	58	58	58	58	58	58	58	58	58	58	58	58	58
	160	裙长	60	60	60	60	60	60	60	60	60	60	60	60	60	60
	165	裙长			62	62	62	62	62	62	62	62	62	62	62	62
	170	裙长					64	64	64	64	64	64	64	64	64	64
	175	裙长							66	66	66	66	66	66	66	66
设计依据		裙长=4/10 号—4cm 腰围=型+1cm　　　　　臀围加放量=臀围（净体）+6cm　　　中间体为 160/64Y														

表 2-3　女西服裙规格系列表（5·2系列，A体型）　　　　　　单位：cm

部位			型													
			54	56	58	60	62	64	66	68	70	72	74	76	78	80	82
腰围			55	57	59	61	63	65	67	69	71	73	75	77	79	81	83
臀围			81.4	83.2	85.0	86.8	88.6	90.4	92.2	94.0	95.8	97.6	99.4	101.2	103.0	104.8	106.6
号	145	裙长	54	54	54	54	54	54	54	54	54	54	54				
	150	裙长	56	56	56	56	56	56	56	56	56	56	56	56	56		
	155	裙长	58	58	58	58	58	58	58	58	58	58	58	58	58	58	58
	160	裙长	60	60	60	60	60	60	60	60	60	60	60	60	60	60	60
	165	裙长			62	62	62	62	62	62	62	62	62	62	62	62	62
	170	裙长					64	64	64	64	64	64	64	64	64	64	64
	175	裙长							66	66	66	66	66	66	66	66	66
设计依据			裙长=4/10 号—4cm 腰围=型+1cm　　　　　臀围加放量=臀围（净体）+6cm　　　中间体为 160/68A														

表 2-4　女西服裙成品规格（5·2系列，B体型）

单位：cm

部位 \ 型	56	58	60	62	64	66	68	70	72	74	76	78	80	82	84	86	88	90	92	94
腰围	57	59	61	63	65	67	69	71	73	75	77	79	81	83	85	87	89	91	93	95
臀围	82.4	84.0	85.6	87.2	88.8	90.4	92.0	93.6	95.2	96.8	98.4	100.0	101.6	103.2	104.8	106.4	108.0	109.6	111.2	112.8
号 145 裙长	54	54	54	54	54	54	54	54	54	54	54	54	54	54						
号 150 裙长	56	56	56	56	56	56	56	56	56	56	56	56	56	56	56	56				
号 155 裙长	58	58	58	58	58	58	58	58	58	58	58	58	58	58	58	58	58	58		
号 160 裙长			60	60	60	60	60	60	60	60	60	60	60	60	60	60	60	60	60	60
号 165 裙长					62	62	62	62	62	62	62	62	62	62	62	62	62	62	62	62
号 170 裙长							64	64	64	64	64	64	64	64	64	64	64	64	64	64
号 175 裙长									66	66	66	66	66	66	66	66	66	66	66	66

设计依据

裙长=4/10号-4cm

腰围=型+1cm

臀围加放量=臀围（净体）+6cm

中间体为160/78B

表 2-5　女西服裙成品规格（5·2系列，C体型）

单位：cm

部位 \ 型	60	62	64	66	68	70	72	74	76	78	80	82	84	86	88	90	92	94	96	98	100	102
腰围	61	63	65	67	69	71	73	75	77	79	81	83	85	87	89	91	93	95	97	99	101	103
臀围	82.4	84.0	85.6	87.2	88.8	90.4	92.0	93.6	95.2	96.8	98.4	100.0	101.6	103.2	104.8	106.4	108.0	109.6	111.2	112.8	114.4	116.0
号 145 裙长	54	54	54	54	54	54	54	54	54	54	54	54	54	54								
号 150 裙长	56	56	56	56	56	56	56	56	56	56	56	56	56	56	56	56						
号 155 裙长	58	58	58	58	58	58	58	58	58	58	58	58	58	58	58	58	58	58				
号 160 裙长			60	60	60	60	60	60	60	60	60	60	60	60	60	60	60	60	60	60		
号 165 裙长					62	62	62	62	62	62	62	62	62	62	62	62	62	62	62	62	62	62
号 170 裙长							64	64	64	64	64	64	64	64	64	64	64	64	64	64	64	64
号 175 裙长									66	66	66	66	66	66	66	66	66	66	66	66	66	66

设计依据

裙长=4/10号-4cm

腰围=型+1cm

臀围加放量=臀围（净体）+6cm

中间体为160/82C

4. 西服裙制板（图 2-18）

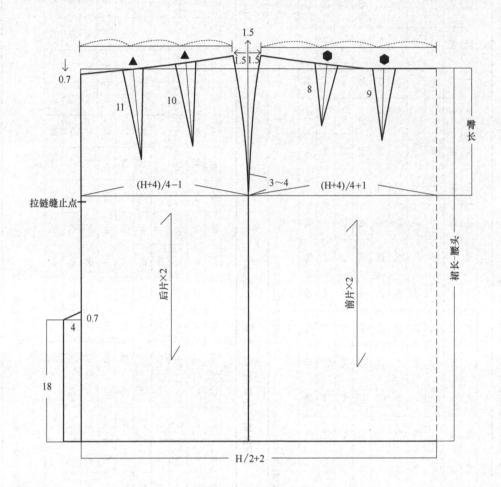

图 2-18　西服裙纸样

（1）选择号型　160/64A。

（2）制图规格

部位	裙长	腰围	臀围	腰头宽	臀长
规格/cm	60	64	88	3	18

（3）臀围分配　前臀围线为（臀围＋4）/4＋1cm；后臀围线为（臀围＋4）/4－1cm。

（4）腰围分配　前腰围为腰围/4＋1cm；后腰围为腰围/4－1cm。

（5）侧缝线结构设计　侧缝省量1～2.5cm；起翘量0～2cm。

（6）省量的分配　前片省量为（前臀围－前腰围－侧缝省）/2；后片省量为（后臀围－后腰围－侧缝省）/2。

（7）借助曲线板修正腰线。

（8）在后中心线上从臀围线下落2cm为拉链缝止点；开衩高18cm、宽4cm，其中向上抬0.7cm是为了缝制方便，对开衩效果没有影响。

二、排料、裁剪

1. 西服裙面料放缝份要求（图 2-19）

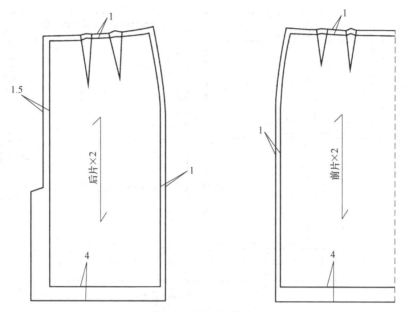

图 2-19　面料放缝份

① 缝份均匀。

② 下摆缝份 3~4cm，绱拉链部位 1.5~2cm，其他部位 1cm。

③ 腰头需要修省，修完后腰头缝份留 1cm。

2. 西服裙里料放缝份要求（图 2-20）

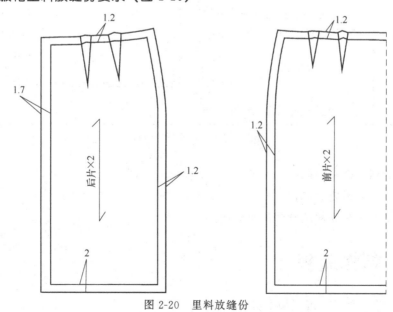

图 2-20　里料放缝份

考虑到两种面料的缩量不同，里料留缝需要稍微比面料留缝大0.2～0.5cm，下摆缝份留2cm，后中心不留开衩。

3. 西服裙排料注意事项

西服裙面料、里料裁剪排料见图2-21、图2-22。

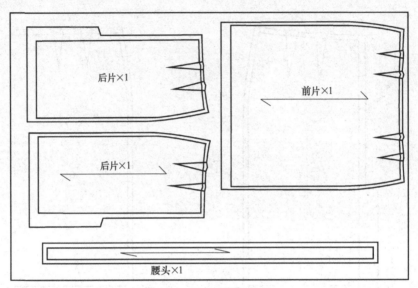

图2-21　面料裁剪、排料

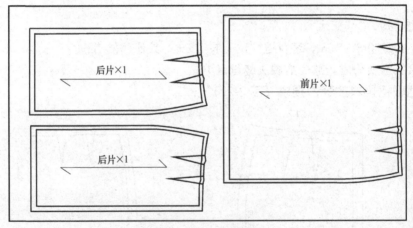

图2-22　里料裁剪、排料

① 注意裙子裁片纱向。

② 条格面料需要对条格。

③ 有毛及起绒面料注意绒的倒顺向。

三、制作流程

西服裙的一般工艺流程如下。

裁剪→打线钉→打剪口→锁边→缉省→合面、里后片→做后开衩→缝合里料→绱裙子拉链→固定裙里面→绱裙腰头→手针固定裙摆→整烫。

1. 裁剪
分别做面料纸样、里料纸样和衬料纸样进行裁剪。

2. 打线钉
① 部位有裙后中线、臀围线、裙摆折边线、后开衩位、省位、省尖、腰围等。
② 注意线钉的长短不宜过长，否则容易脱落。

3. 锁边
① 正面朝上。
② 腰口留出。
③ 防止锁边机刀口切掉面料。

4. 缉省
注意缉省时要从省跟缉向省尖，省尖要缉直、尖；缉省要准确，缉到位但不过；缉完省后，要将省烫平烫顺，前后片省均倒向前后中心线。

5. 合面、里后片
将面、里后片合上。

6. 做后开衩
① 裙开衩部分粘无纺衬。
② 合裙子后中缝。
③ 将里子、面子的后开衩合止点对准固定。
④ 做开衩的下层。
⑤ 做上层开衩，注意里子要按照开衩毛粉边缘做记号，向里扩2cm缝份后，将多余的里子剃掉。
⑥ 剃去里子的转折处开剪口。
⑦ 将上层开衩的边缘按1cm缝份合好。
⑧ 封开衩上面斜线，注意不要封住裙子外侧。

7. 缝合里料
缝份要求倒缝，省缝向中间倒，留0.3～0.5cm松量。

8. 绱裙子拉链
绱隐形拉链要先做好准备工作。
① 在后中心绱拉链的部位反面粘无纺衬。
② 将拉链拉开，用低温把拉链熨烫开，以便露出拉链齿跟。
③ 机器换单压脚。
装拉链时将拉链拉开，先装左边，从顶端缉至拉链尾端，尽可能靠近拉链齿根部，再从底端开始缉至另一边，注意拉链的高度一致，再和里料缉上，最后将拉链从缝隙中拉出即可。

9. 合裙里子与裙面、整烫
合裙里子与裙面、然后整烫。

10. 裙腰及裙摆的制作

① 扣烫好裙腰：腰头粘无纺衬，腰里虚出 0.2cm。

② 缉腰头：1cm 缝份缉腰面与裙片，缝份向上倒，再从正面沟里固定腰头，正好卡在腰里 0.2cm 虚量处。注意：缉腰头时防止腰头起链。

③ 缲缝底摆：用三角针将底摆缲缝好，注意拉线的松紧程度，切勿将线迹露出表面。

11. 整烫

注意整烫顺序和要求。烫正面时必须加盖水布，以免烫煳。

第三章
女裤的结构设计与缝制要领

裤子是包覆人体臀、腹并区分两腿的基本着装形式。它与裙子最大的区别在于裤子有上裆、下裆，从围度上讲裤子有横裆、中裆、脚口等。它与裙子腰线到臀围线的穿着状态大致相同，从臀线以下，分成了左右裤筒，呈圆筒状。裤子覆盖人体下肢的腰臀部、大腿、小腿三部分，各部分由关节相连，所以裤子的结构设计需要注意分析各部位的形态以及它们的运动状态。这一章我们从裤子的分类、女裤基本型制图、裤子的变化以及女西裤的制图及工艺制作几个方面进行讲解。

 第一节
裤子的分类

一、 按轮廓形态分

（1）直筒裤　中裆量与脚口量基本相等的裤装。
（2）锥形裤　轮廓上大下小，脚口小于中裆。
（3）喇叭裤　轮廓上小下大，脚口大于中裆。

二、 按长度分

（1）超短裤　长度至大转子骨下端。
（2）短裤　长度至大腿中部。
（3）中裤　长度至膝关节下端。
（4）中长裤　长度至小腿中部。
（5）长裤　长度至脚踝骨。

三、　按腰节高度分

（1）分割类裤装　基本结构类裤装＋分割线（纵向、横向、斜向），称为分割类裤装。

（2）高腰类裤装　基本结构类裤装＋高腰，称为高腰类裤装。

（3）低腰类裤装　基本结构类裤装＋低腰，称为低腰类裤装。

（4）垂褶类裤装　基本结构类裤装＋垂褶，称为垂褶类裤装。

（5）抽褶类裤装　基本结构类裤装＋抽褶，称为抽褶类裤装。

另外，根据穿着用途可以分为运动裤、孕妇裤、西裤、休闲裤等。根据裤子的制作材料、穿着场合、年龄等还可以进行不同分类。

第二节
裤子基本型制图

一、　裤子各部位结构线名称

裤子各部位对应着相应的人体部位，因此会出现人体和服装共用一个名称的现象，如腰围、臀围等。在我国服装行业中，由于历史和地域的原因，服装各部位的名称并不完全统一。如"立裆深"又可称为"直裆""上裆""股上"等，"下裆"又称为"股下"，"腰长"又称为"臀长"，"裤口"又称为"脚口"等。人体各部位典型名称如图3-1所示，括号内为裤子各部位名称。

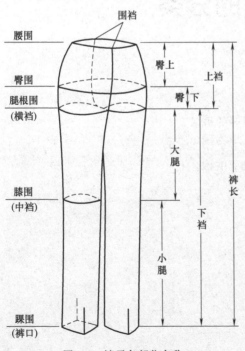

图3-1　裤子各部位名称

二、放松量参考值

裤子的放松量设计合理与否，是整个裤型结构设计的关键。放松量设计主要考虑因素包括人体的基本活动量、款式特点、性别、年龄以及面料性能等。

1. 松量设计

女裤围度松量设计见表 3-1。

表 3-1 女裤围度松量设计 单位：cm

部位	款式			
	合体	较合体	较宽松	宽松
腰围	0～1	0～1	0～2	0～2
臀围	3～6	6～10	10～16	＞16

2. 腰部省道设计

一般裤子的腰围、臀围省道计算量为设 $(H-W)/2=\alpha$，则前片省量＝$\alpha/5+1cm$，靠近前中线的省略小，靠近侧缝的省略大；侧缝撇去量＝$2\alpha/5-0.5cm$，前侧缝撇去量略大，后侧缝撇去量略小；后片省量＝$2\alpha/5-0.5cm$，靠近侧缝处省略小，靠近后中线处省略大。

3. 后上裆设计

（1）后上裆垂直倾斜角的设计 裙裤类 0°；宽松裤类 0°～5°；较宽松裤类 5°～10°；较贴体裤类 10°～15°（常用 10°～12°），其中若材料拉伸性好且裤子主要考虑静态美观性时，后上裆倾斜角≤12°，若材料拉伸性差且主要考虑动态舒适性时，后上裆倾斜角取值趋向 15°；常用贴体裤类 14°～16°；运动型贴体裤取 16°～20°。

（2）后落裆量设计 裙裤类 3cm；宽松裤类 2～3cm；较宽松裤类 1～2cm；较贴体裤类 0～1cm；贴体裤类 0cm。

4. 前上裆设计

前上裆腰围处撇去量约 1cm。在特殊的情况下（如腰部不做省道、褶裥时），为解决前部腰臀差，该撇去量可在 1～2cm。

5. 上裆宽

一般为 $0.14H～0.16H$，其中前片小裆占总裆宽 0.25 左右，后片大裆占总裆宽的 0.75 左右（图 3-2）。

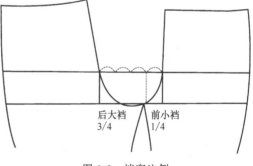

图 3-2 裆宽比例

三、基本型制图步骤

1. 女裤基础型

贴体直筒裤，其前腰口有一个省，后腰口有两个省，缉腰头。

2. 测量要点

腰围、臀围、臀长的测量方法同半身裙。

（1）大腿围 大腿根部最粗处水平围量一周。

（2）膝围 膝关节中央水平围量一周。

（3）小腿围 小腿最丰满处水平围量一周。

（4）脚腕围 脚踝处围量一周。

（5）裤长 从腰围线到脚踝处的直线距离。

（6）下裆长 从耻骨最下端直线量至脚踝处。操作时可以把直尺夹在裆部进行测量，注意保持直尺水平状态。

（7）立裆深 根据计算得出。用裤长减去下裆长得出。

3. 制图步骤（图3-3）

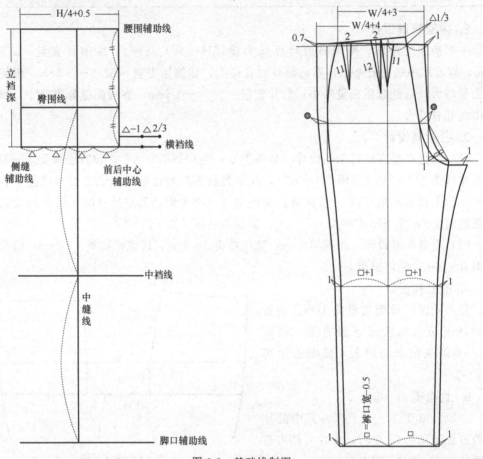

图3-3 基础线制图

（1）选择号型 160/66A（20～30岁）。

（2）制图规格

部位	裤长	腰围	臀围	脚口宽	腰头宽	立裆深
规格/cm	92	66	88	18	3	25

（3）制图基础线

① 做一个长方形：长为立裆深 H/4，宽为 H/4+0.5cm，其中 0.5cm 为臀围的放松量。长方形上边线条是腰部辅助线，下边是横裆辅助线，左面是侧缝辅助线，右边是前后中心的辅助线。

② 确定臀围线：从横裆线向腰部辅助线三等分，取下三分之一点做水平线，为臀围线。

③ 确定中缝线：把长方形的横裆线四等分，再将从左向右数的第三个等分段，再次三等分，取靠近侧缝辅助线的 1/3 等分点。以此点引垂线，上交腰部辅助线，下至脚口辅助线，总长为裤长－腰头宽，该线是前后片共用中缝线。

④ 确定小裆宽和大裆宽：在横裆线右侧延长线上，取 (H/4＋0.5)/4－1cm（或△－1cm）做标注点，为小裆宽；在此基础上追加△2/3 为大裆宽，做标注点。

⑤ 确定中裆线：在中缝线上，取臀围线到脚口辅助线的二等分点，为裤子中裆线。

（4）前裤片完成线

① 确定前中线和小裆弯：在臀围线与右边线的交点到小裆宽的标注点连线，垂直于该线做到裆弯夹角的连线，将该线三等分，取浅三分之一点做标注点。过小裆宽标注点，浅三分之一标注点，臀围线与前中心辅助线交点，用曲线板做弧线，向上延伸至腰线辅助线顺出收腰 1cm 的前中线，此端点为前腰点。

② 做前腰线：在腰线辅助线上，从前腰点起取 W/4＋3cm，上翘 0.7cm 为侧腰点，从前腰点到侧腰点用曲线板绘制微凹腰线。前腰线上多余的 3cm 为省量，设置单个 3cm 省，省位并入中缝线，省长 11cm。

③ 完成前片内缝线和侧缝线：在脚口辅助线与中缝线的交点左右各取脚口宽 1/2－0.5cm，为前脚口宽。前中裆线宽在前脚口宽的基础上左右两边各＋1cm。过小裆宽端点，中裆宽端点，前脚口线端点，借助曲线板顺连完成内缝线。过侧腰点、臀围线与侧缝辅助线交点，中裆宽端点，前脚口端点，借助曲线板顺连完成侧缝线。至此完成前裤片轮廓线。

（5）后片完成线

① 做后中线和大裆弯线：将腰线与前后中心辅助线交点与腰线与中缝线交点之间线两等分，从横裆线和后中心辅助线的交点向内移 1cm，以此点向上交于两等分标注点，并顺势延伸，延伸量为△1/3，此延伸线端点为后中点，此点至后腰点为后中线，此线与臀围线的交点是大裆弯起点。过大裆弯起点，裆弯夹角深三分之一等分点，和大裆宽线下落 1cm 的端点，用曲线板顺连，完成大裆弯。

② 做后腰线：从后中点至腰线辅助线的延长线之间取 W/4＋4cm，侧腰点起翘 0.7cm，修顺后腰线。后腰线加上的 4cm 为省量，设置两个 2cm 省，省位垂直于后腰线的两个三分之一等分点做直线，靠后中心的省长 12cm，另一个省长为 11cm。

③ 完成后片的内侧线和侧缝线：为了使得前片和后片的臀部宽度一致，大裆弯起点和小裆弯起点的距离，在后片臀围线上补齐，并依此作为后侧缝线的臀部轨迹，后侧缝线所通过的中裆线和脚口宽分别比前片增加 1cm，后内侧缝线增大的追加量和后侧缝线相同，最后用曲线连接，完成后裤片。

4. 裤装结构分析

（1）腰围　正常量体情况下，人体腰围能够承受约 2cm 的紧缩量，女裤也可以不加松量，但裤子腰位高低会使腰围产生差异。

（2）臀围　由于大转子运动的需要，裤子的臀围要有一定的放松量。根据裤子款式不同，臀围的放松量也不同，男西裤 8～14cm，女西裤 6～10cm，老板裤 12～16cm，萝卜裤 18～24cm。

（3）中缝线　也叫裤中线或烫迹线，在中裆以下部分是左右对称的线，一定要按经纱方向，不得偏移，它是控制裤子整体造型的关键。

（4）臀腰差的调整　可以通过收省、打褶的方法解决。省或褶的数量和大小由臀围和腰围的差量决定。一般前片多以褶的形式出现，后片多以省的形式出现。

（5）后裆斜线　一般取裤中线至后中心辅助线的1/2处和后落裆线与后中心辅助线的交点连线，或采用正常体15∶3做斜线，凸臀时加大斜度；平臀时减小斜度。

（6）裤窿门宽　一般为人体臀围的16％，由大小裆组成，调整裤子肥瘦时，应调整大裆宽，小裆宽微调或不变。

（7）立裆深　理论上立裆深为（H＋L）/8，为方便计算，取（H＋L）/10＋（5～6）比较接近人体形态，但对于特殊体型需根据具体情况调整。

（8）后裆起翘　理论上认为后裆起翘与臀围大有直接关系。当后裆斜线变化或腰围高低调整时，后裆起翘也随之变化。

（9）脚口　一般筒裤按2H/10计算，或在脚踝处围量一周为脚口宽。脚口的大小主要决定于裤子的款式。

第三节
裤 子 变 化

一、裤子省道变化

1. 裤子省道转移

就裤子而言，腰省的作用就是在腰部去掉一部分面料以贴合纤细的腰部，省尖指向凸起的臀部和腹部。所以裤子省的位置也可以像上衣一样进行各种变化。如图3-4所示，以腹围线上任点为省尖，在省量不变的情况下可以任意平移省位。

与前面讲到的裙子一样，裤子省道也可以用育克形式进行处理（图3-5）。

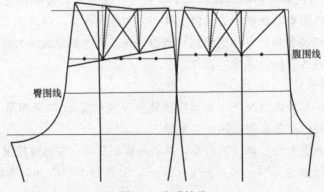

图 3-4　省道转移

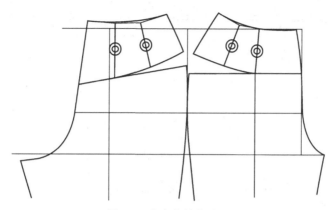

图 3-5　育克的结构处理

　　根据款式的变化，省道的形状可以是直线式，也可以是曲线式。曲线式处理在牛仔裤及休闲裤款式中比较常见，可借助插袋造型来完成，如图 3-6 所示。

2. 省的变化及修正

　　(1) 省的形状的变化　省的形状与款式的贴体度有关。当设计紧身裤时，省的形状应吻合人体臀腰部的曲线，设计成外弧形，也就是我们所说的菱形省。当设计合体裤子时，省的形状可以有稍微的内弧，也就是我们所说的锥形省。当设计成宽松裤时，省的形状是直线型。

　　(2) 省的工艺处理　如果要求静态臀腰部合体，运动时又有一定的松量补充，在工艺处理上，省可以以褶的形式进行处理，变为活褶或者碎褶。例如男西裤，前片做褶，后片做省，符合了人体向前运动的趋势。如图 3-7 所示。

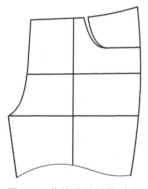

图 3-6　曲线省的结构处理

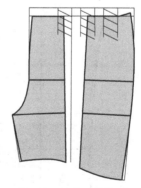

图 3-7　省的工艺处理

　　(3) 省的修正　为了使省在合并后，还能保持腰线处接缝自然圆顺，省的边角线都需要先在纸样上进行修正。修正的方法是先将纸样上的省进行合并，然后用曲线板修正腰围线，再将省打开，按照修正后的腰围线走势，调整折叠处的腰线。如图 3-8 所示。

3. 裤子省道变化应用

　　(1) 合体裤结构设计　合体裤型一般是指臀腰部合体，相对基础型变化不大，只需要借助省道变化进行一定的调整，其重点调整部位在腰部、臀围、横裆。低腰裤是合体裤中具有代表性的一类，其腰位在正常腰位基础上下落，立裆深和臀腰差减小，使得臀

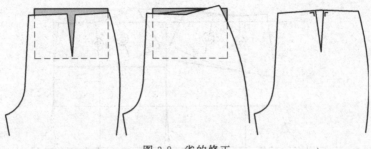

图 3-8　省的修正

部流线型特征趋于平直、简练，表现出一种中性特征。裤子的廓形一般选用 A 形和大直线型设计。

以图 3-9 所示的这款低腰圆腰头前片带插袋喇叭裤裤型为例进行介绍。

① 降低腰位：在原腰位基础上下降 6.5cm 作为变化裤型腰围线，立裆深由原来的 25cm 调整到 18.5cm，腰头宽取 3.5cm，合并省并修正腰围线。

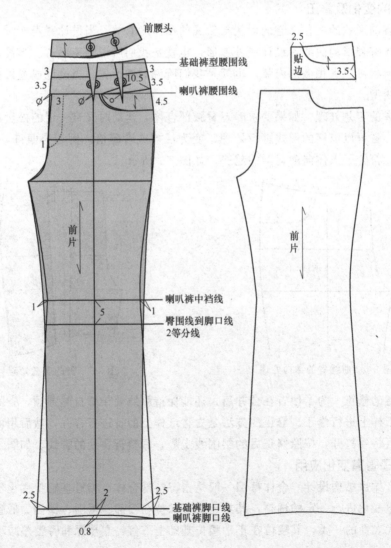

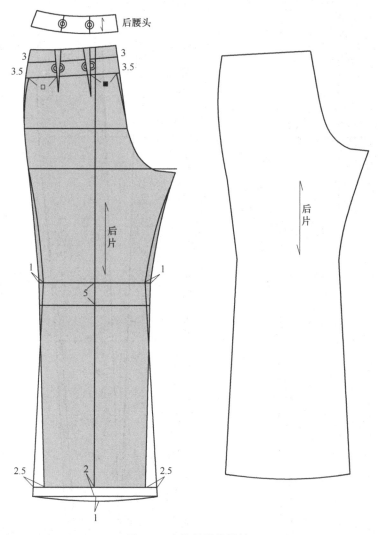

图 3-9　合体裤结构设计

② 取消省：前片将基础型中缝线处的残留省转移到前中线处，靠近侧缝处的残留省转移到弯插袋处。后片将基础型靠近后中缝处的残留省转移到后中线处；靠近侧缝处的残留省转移到侧缝中。

③ 适量调整中档线：为了拉长小腿视觉比例，抬高中档线。

④ 延长裤长：在原基础裤型脚口线上左右各放大 2.5cm，增大脚口。

（2）宽松裤型结构设计　宽松裤型一般是指臀部宽松，同样可以在基础裤型上进行调整，下面以图 3-10 所示的臀腰部较宽松的锥形裤为例进行介绍。

① 切展前片基础型：沿着中缝线剪开前片，按照总褶量设计要求展开基础型。此款前片腰围加上总褶量等于前片臀围。此款前片臀围切展 5cm，加上基础型中的松量 0.5cm，前片臀围松量为 5.5cm。

② 前片腰褶量设计：前片总褶量为（前片臀围－前片腰围）/4，此款设置三个褶，第一个褶放在中缝处，第二个褶放在往侧缝方向距离第一个褶 2cm 处，间隔第二个褶

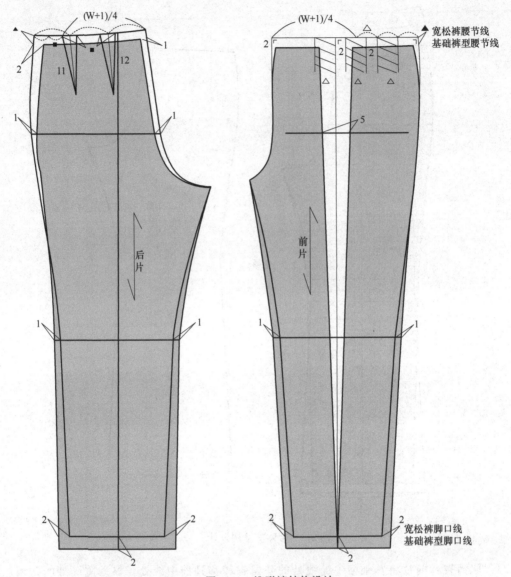

图 3-10　锥形裤结构设计

2cm 设置为第三个褶位。

　　③ 后片腰省设计：后片不切展，保持合体状态。后片臀围松量增加 2cm，腰围加大 3cm，将臀腰差设置为两个腰省。

　　④ 提高腰围线：锥形裤款式宽松，上裆应适当增大，此款腰围线提高 2cm。

　　⑤ 调整裤筒：锥形裤的脚口较窄，脚口线以中缝线为中心左右等距离向里收 2cm 并提高 2cm；中裆向里收 1cm。

二、裤子分割变化

裤子分割一般分为横向分割、纵向分割。分割变化的一般方法是在基本纸样上先按照款式图，确定分割线位置，然后运用省道转移方法，使前、后省量移入分割线中，然后调顺分割线和轮廓线。

1. 横向分割

以指定款（图 3-11）为例。此裤款臀部造型合体，育克线分布在臀部，没有臀腰省。

按照款式图确定育克分割线位置，前裤片一个省完全转入育克线，后裤片转移部分省后还有残留省量，将残留省量从侧缝和后中线去掉。

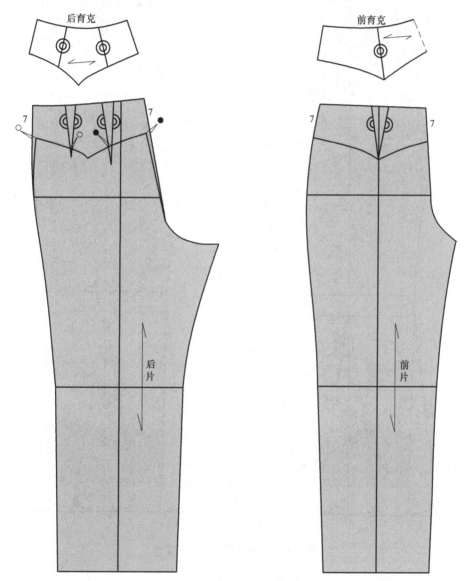

图 3-11　横向分割——育克裤

2. 纵向分割

以指定款（图 3-12）为例。此裤款是鱼尾造型裤，前、后裤片各有一条纵向分割线，分割线从臀部侧缝起顺至前、后中缝线，在结构上使裤子前、后裤片一分为二，裤筒从膝盖以下呈喇叭状散开。

　　按照款式图确定分割线位置，在前、后裤片的臀部侧缝起顺至前、后中缝线作弧线分割。前裤片省的位置进行调整，将省平移使其位于分割线上，合并省，将省量转移至分割线处。后裤片省的位置也进行调整，将省量转移至分割线，残余省量从侧缝处去掉。腰位在人体腰位的正常位置，直接采用中腰设计。中档线以下部分从脚口处施加褶量，形成喇叭形。

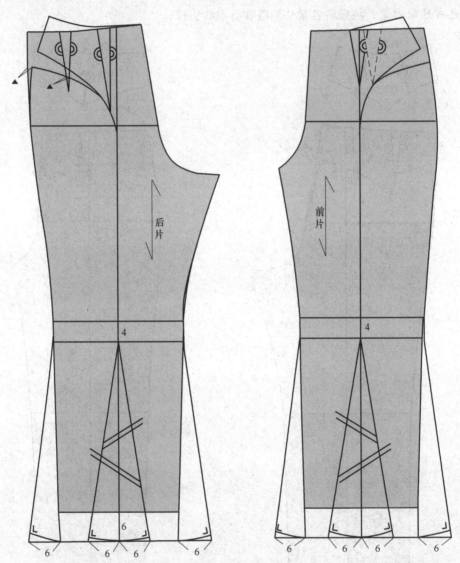

图 3-12　纵向分割——鱼尾形裤

三、裤子褶裥变化

裤子褶裥一般分为有规律褶、自然褶。其中有规律褶包括塔克褶、阴阳褶等。

1. 塔克褶裤

塔克褶是垂褶中的一种，当褶量较大时，能表现出明显的堆砌夸张效果。以图 3-13 所示的这款塔克褶裤为例，介绍塔克褶在裤款中的应用。

此裤款垂褶从腰部起至侧缝线处消失，脚口较窄，裤子整体呈 Y 形。

根据褶位置，调整省道位置及造型，省由腰部指向侧缝，并顺成曲线省。然后按照款式需要，将省中心剪开并拉伸，增加褶量，以满足款式效果。此款腰位在人体腰位的正常位置，直接采用中腰设计，脚口采用锥形设计，更能体现出裤子上阔下紧的廓形特点。

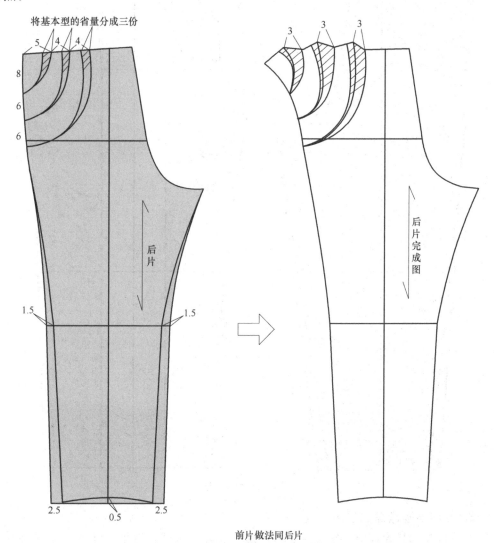

前片做法同后片

图 3-13　塔克褶裤

2. 暗裥裤

裤子的暗裥能随人体运动自然打开补充松量，以增强裤子的运动功能。以图 3-14 所示的这款暗裥裤为例，介绍暗裥在裤款中的应用。

此裤款前裤片带暗裥，上下贯通，后片带两个省，裤子整体造型呈 Y 形。

按照款式图，将裥位设在前中缝线上。先将前中缝线剪开，根据款式效果，施加裥量，同时把前腰省并入裥中，完成结构设计；在工艺处理时，收裥后熨烫裥边，缉明线固定裥量。后裤片采用基本型，口袋、开口都设在侧缝。另外，腰位采用中腰设计，脚口及中裆向里收进，形成锥形效果。

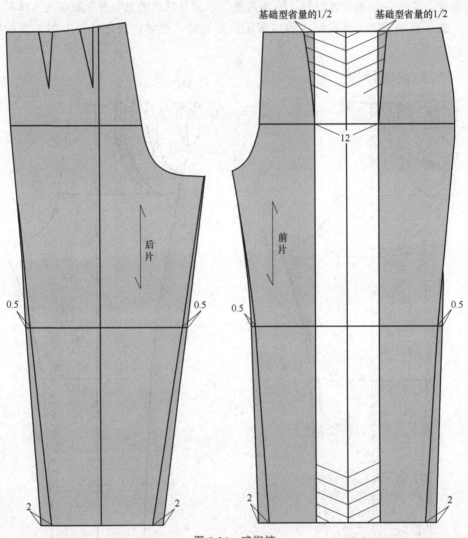

图 3-14　暗裥裤

3. 分割与施裥综合运用

在实际的结构设计中，常常需要多种结构设计方法综合运用。以图 3-15 所示的育克与施裥相结合的裤子为例进行介绍。

此裤款腰位稍高，前后片带育克与腰头成连腰设计，育克分割线以下有自然裥，裤子整体呈上阔下窄的造型。

按照款式图，先加高腰位，注意高腰裤中腰省调整成菱形。根据分割线造型，确定育克线位置，将育克线以上省量转移至育克线处；将育克线以下残余省量并入裥量或者从侧缝和前后中心撇去或者合并成一个省。沿前片裤中缝线剪开至脚口，根据款式需要拉开，施加褶量，脚口部分纸样稍微重叠，达到上阔下窄的效果。褶可以处理成不规则碎褶或多个有规律褶。

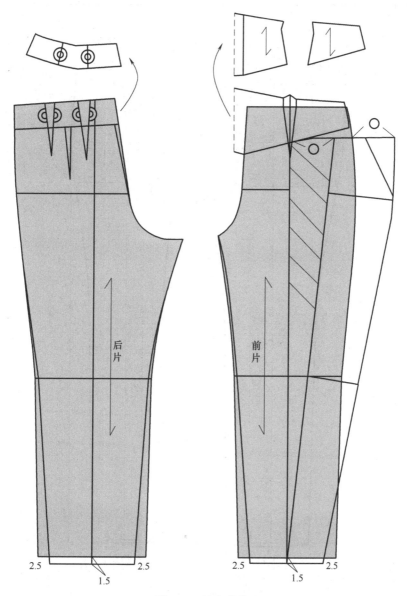

图 3-15　综合变化

四、裤子板型实例

1. 紧身女裤（图 3-16）

修身直筒长裤，面料可微带弹性，前面一个省，后面两个省，绱腰头。

（1）选择号型　165/68A。

（2）制图规格

部位	裤长	臀围	腰围	脚口	立裆深	腰头宽
规格/cm	98	90+4	68	18	25	3

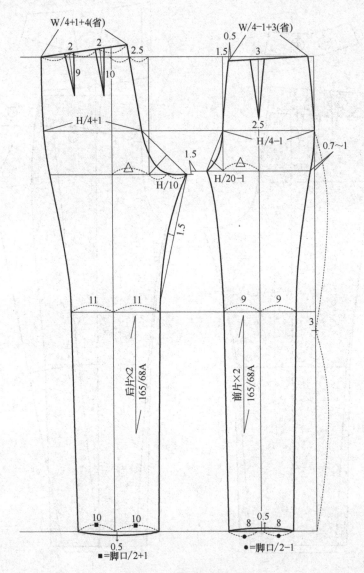

图 3-16　紧身裤纸样设计

2. 体型裤（图 3-17）

修身高弹面料体型裤，连腰头，无省。

（1）选择号型　165/68A。

（2）制图规格

部位	裤长	臀围	腰围	脚口	立裆深
规格/cm	98	90	68	10	25

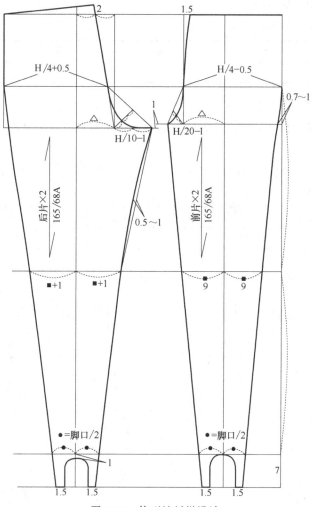

图 3-17　体型裤纸样设计

3. 裙裤（图 3-18）

裤长到膝盖，有臀腰省，臀腰部合体，裆部稍宽松，裤筒肥大。

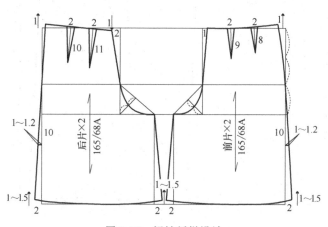

图 3-18　裙裤纸样设计

（1）选择号型　165/68A。

（2）制图规格

部位	裤长	臀围	腰围	腰头宽
规格/cm	54	90+6	68	3

4. 女牛仔喇叭裤（图3-19）

采用弹性牛仔面料，低腰设计；前有弧形口袋，后有育克分割线及两个贴袋；脚口散开，呈喇叭形。

（1）选择号型　165/68A。

（2）制图规格

部位	裤长	臀围	腰围	腰头宽	立裆深	中裆	脚口
规格/cm	102	90+2	68	3	22	20	25

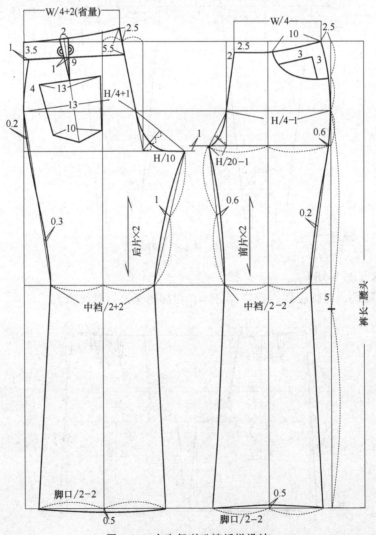

图3-19　女牛仔喇叭裤纸样设计

第四节 女西裤制图与工艺流程

一、女西裤制图步骤

1. 款式特点
合体女式西裤，前面一个褶，后面两个省，前片斜插袋，后面带双牙兜，绱腰头装拉链。

2. 面料与辅料
（1）面料 各种悬垂性较好棉毛、棉麻、毛织物等均可。
（2）辅料 无纺衬、有纺衬、兜布、四合挂钩、拉链。

3. 女西裤规格设计
表3-2～表3-6给出了女西裤的各种成品规格。

表3-2 女西裤成品规格（5·2系列） 单位：cm

部位	型				分档数值
	160/62Y	160/66A	160/76B	160/80C	
裤长	100	100	100	100	3
腰围	62	66	76	80	2
臀围	94.2	94.2	100.4	100.4	Y、A=1.8 B、C=1.6
设计依据	腰围=型+0	臀围加放量=臀围净体+6cm			

表3-3 女西裤成品规格（5·2系列，Y体型） 单位：cm

部位		型												
		50	52	54	56	58	60	62	64	66	68	70	72	74	76
腰围		52	54	56	58	60	62	64	66	68	70	72	74	76	78
臀围		83.4	85.2	87.0	88.8	90.6	92.4	94.2	96.0	97.8	99.6	101.4	103.2	105.0	106.8
号	145 裤长	91	91	91	91	91	91	91	91	91	91				
	150 裤长	94	94	94	94	94	94	94	94	94	94	94	94		
	155 裤长	97	97	97	97	97	97	97	97	97	97	97	97	97	97
	160 裤长	100	100	100	100	100	100	100	100	100	100	100	100	100	100
	165 裤长			103	103	103	103	103	103	103	103	103	103	103	103
	170 裤长					106	106	106	106	106	106	106	106	106	106
	175 裤长							109	109	109	109	109	109	109	109
设计依据		裤长=4/10 号+4cm 腰围=型+2cm 臀围加放量=臀围（净体）+10cm 中间体为160/64Y 裤长分档数值=3cm 腰围分档数值=2cm 臀围分档数值=1.8cm													

表 3-4　女西裤成品规格（5·2 系列，A 体型）　　　　　　单位：cm

部位		型														
		54	56	58	60	62	64	66	68	70	72	74	76	78	80	82
腰围		56	58	60	62	64	66	68	70	72	74	76	78	80	82	84
臀围		83.4	85.2	87.0	88.8	90.6	92.4	94.2	96.0	97.8	99.6	101.4	103.2	105.0	106.8	108.6
号	145 裤长			91	91	91	91	91	91	91	91	91				
	150 裤长	94	94	94	94	94	94	94	94	94	94	94	94			
	155 裤长	97	97	97	97	97	97	97	97	97	97	97	97	97	97	97
	160 裤长	100	100	100	100	100	100	100	100	100	100	100	100	100	100	100
	165 裤长			103	103	103	103	103	103	103	103	103	103	103	103	103
	170 裤长					106	106	106	106	106	106	106	106	106	106	106
	175 裤长									109	109	109	109	109	109	109
设计依据		中间体为 160/68A														

表 3-5　女西裤成品规格（5·2 系列，B 体型）　　　　　　单位：cm

部位		型																			
		56	58	60	62	64	66	68	70	72	74	76	78	80	82	84	86	88	90	92	94
腰围		58	60	62	64	66	68	70	72	74	76	78	80	82	84	86	88	90	92	94	96
臀围		84.4	86.0	87.6	89.2	90.8	92.4	94.0	95.6	97.2	98.8	100.4	102.0	103.6	105.2	106.8	108.4	110.0	111.6	113.2	114.8
号	145 裤长			91	91	91	91	91	91	91	91	91	91	91	91	91					
	150 裤长	94	94	94	94	94	94	94	94	94	94	94	94	94	94	94	94				
	155 裤长	97	97	97	97	97	97	97	97	97	97	97	97	97	97	97	97	97	97		
	160 裤长	100	100	100	100	100	100	100	100	100	100	100	100	100	100	100	100	100	100	100	100
	165 裤长			103	103	103	103	103	103	103	103	103	103	103	103	103	103	103	103	103	103
	170 裤长							106	106	106	106	106	106	106	106	106	106	106	106	106	106
	175 裤长									109	109	109	109	109	109	109	109	109	109	109	109
设计依据		中间体为 160/78B																			

表 3-6　女西裤成品规格（5·2 系列，C 体型）　　　　　　单位：cm

部位		型																					
		60	62	64	66	68	70	72	74	76	78	80	82	84	86	88	90	92	94	96	98	100	102
腰围		62	64	66	68	70	72	74	76	78	80	82	84	86	88	90	92	94	96	98	100	102	104
臀围		84.4	86.0	87.6	89.2	90.8	92.4	94.0	95.6	97.2	98.8	100.4	102.0	103.6	105.2	106.8	108.4	110.0	111.6	113.2	114.8	116.4	118.0
号	145 裤长	91	91	91	91	91	91	91	91	91	91	91	91	91	91								
	150 裤长	94	94	94	94	94	94	94	94	94	94	94	94	94	94	94	94	94					
	155 裤长	97	97	97	97	97	97	97	97	97	97	97	97	97	97	97	97	97	97				
	160 裤长			100	100	100	100	100	100	100	100	100	100	100	100	100	100	100	100	100	100	100	100
	165 裤长							103	103	103	103	103	103	103	103	103	103	103	103	103	103	103	103
	170 裤长										106	106	106	106	106	106	106	106	106	106	106	106	106
	175 裤长												109	109	109	109	109	109	109	109	109	109	109
设计依据		中间体为 160/82C																					

4. 女西裤制图步骤（图3-20）

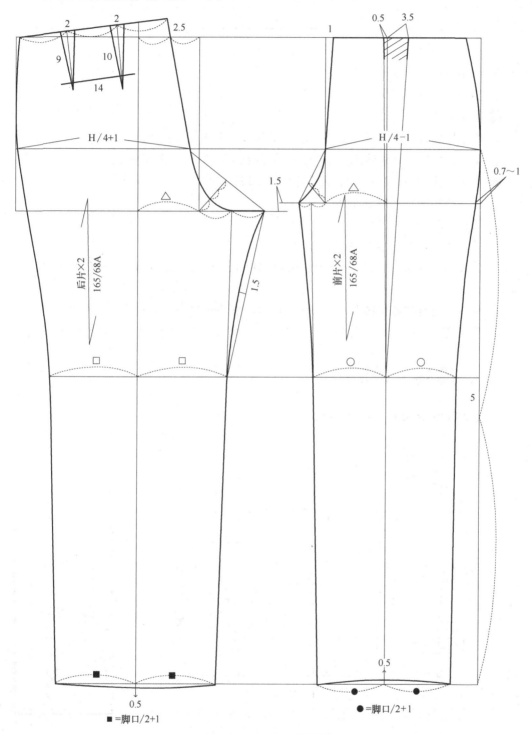

图3-20　女西裤纸样设计

（1）选择号型　165/68A。

（2）制图规格

部位	裤长	臀围	腰围	脚口	立裆深	腰头宽
规格/cm	98	90+6	68	20	25	3

（3）制图步骤

① 绘制基础线：裤长－腰头宽。

② 绘制上平线和下平线。

③ 绘制立裆深线。

④ 确定臀围线：横裆线与上平线之间三等分，取下 1/3 点做水平线。

⑤ 确定中裆线：臀围线到下平线 1/2 等分点上抬 3cm，做水平线。

⑥ 前臀围宽 H/4－1cm，后臀围宽 H/4＋1cm。

⑦ 后片落裆线：下落 1.5cm。

⑧ 后裆起翘量：H/20－2.5cm。

⑨ 裆宽：小裆宽 H/20－1cm，大裆宽 H/10。

⑩ 前腰围线 W/4－1（前后片差量）＋3（褶量）cm。后腰围线 W/4＋1（前后片差量）＋4（省量）cm。

⑪ 脚口：前脚口宽为脚口/2－1cm；后脚口宽为脚口/2＋1cm。

⑫ 后兜兜位：距离后腰线 7cm，做平行线。宽 14cm，距离两省尖距离相等。

二、排料、裁剪

1. 女西裤配料毛板（图 3-21）

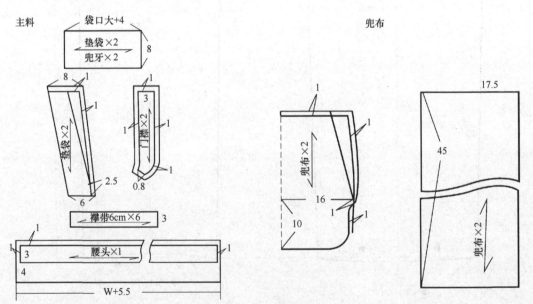

图 3-21　女西裤配料毛板

2. 女西裤面料放缝份要求（图 3-22）

① 脚口处放 4～5cm 折边；后裆留预备缝份，腰口处 3cm，到臀围线处顺势递减成

1.2cm，大裆弯处顺为1cm；斜插兜处留2cm。

　　② 腰线处修完省，再放1cm；其余各处放1cm缝份。

　　③ 注意尖角处缝份的放法。

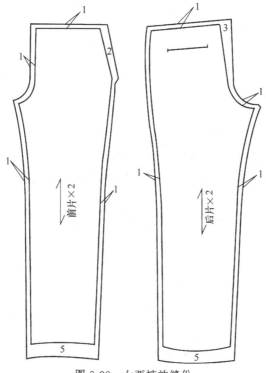

图 3-22　女西裤放缝份

3. 女西裤排料注意事项

女西裤排料见图3-23。

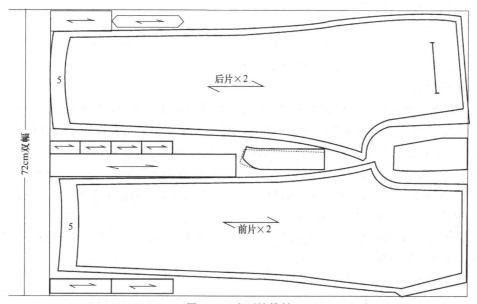

图 3-23　女西裤排料

排料、裁剪时要注意以下几个问题。

① 裤中线要与经纱保持平行。

② 当臀围尺寸大于 110cm 时，可以采取多买料或拼裆的方式进行排料。

③ 将零、辅料裁剪好，注意纱向要求和规格尺寸。

④ 注意面料对格对条。

⑤ 注意面料的倒顺向问题。

三、制作流程

女西裤的一般工艺流程如下。

打线钉→锁边→缉省→归拔裤片→挖制后袋→做斜插袋→合侧缝→合下裆缝→合圆裆→做门、里襟→上门、里襟→装拉链→做襻带→做腰绱腰→锁钉→整熨

1. 打线钉

① 部位：裤中线、前后中心线、臀围线、立裆深线、中裆线、脚口折边线、口袋位、省位、褶位等。

② 打线钉的方法：短距离的直线，两端各打一针即可，弧线可适当多打几针，长距离的直线间隔 20cm 左右打一针即可。

③ 注意线钉的长短不宜过长，否则容易脱落。

2. 锁边

① 部位：四个裤片除腰口不锁边外，其他都要锁边，一般从腰口起进行锁边，腰口部位留下，个别部件需要锁边。

② 锁边时，看着面料的正面进行，注意控制车速和面料的行进方向，防止刀切伤裤片。

③ 注意线的颜色和裤片的配合。

3. 缉省

注意缉省时的手法，从省根部开始缉省，可以打回针或留线头打结，省尖一定要缉尖，省道线的形状要符合人体表面曲线形状。

4. 做后袋

一般女西裤后袋可以做成单牙袋，也可以做成双牙袋。这里以双牙袋为例介绍。

① 定兜位，在后裤片正片按线钉位置画好兜口位置。通常情况下，兜口位于腰缝向下 5～8cm 的位置上。后裤片是一个省时，兜位在其中心，不露出兜口位。后片是两个省时，省距兜口两端位置要对称 2～2.5cm，省长的一个省在后，长出 2.5cm。

② 将宽 2cm、长 16cm 的无纺衬用大针码缉在兜布上，位置在兜布宽边一端的中心处，向下 1cm 的位置，且粘胶粒朝上。

③ 将缉好无纺衬的兜布，用熨斗高温粘在兜位上（裤反面），兜开口部分要位于无纺衬的中心处，兜位左右一定要对称。

④ 扣兜牙：

a. 在兜牙反面，粘满无纺衬。也可沿一侧宽口边向下粘一层 4cm 宽的无纺衬。

b. 将粘有无纺衬一面向反面方向扣 1cm 宽，再扣 2cm 宽。

c. 在 1cm 面，沿折边向内画 0.5cm 的牙宽线。

d. 在 2cm 面的反面，沿折边画 0.5cm 的牙宽线。

⑤ 将扣好的兜牙按照牙宽线缉在后裤片的兜位上。先将 1cm 面朝上折边方向朝腰头方向缉 0.5cm 线，线段的起始和终点都需要倒回针固定住，线段长度正好是兜口的大小，然后沿线迹缉相对的另一牙宽线。注意缉线前要把上一边的缝份掀起，不要一起缉上。两条线段要保持平行状态，且长度要相等。

⑥ 开剪口：掀起袋牙两侧未合的缝份，先把袋牙沿中心 1cm 处剪开，然后将裤片同样沿裤口中心 1cm 处剪开，袋口两端 1cm 处开始剪成三角形。注意剪袋口时不能剪断缝袋牙的线，但也不能缝线太远，要求有 1～2 根纱线的距离。

⑦ 封兜口两端的三角：将袋牙和兜布沿剪开的兜口翻转到反面。将兜牙两侧对齐并拉紧，沿三角的根部将其同袋牙封在一起。

⑧ 将垫布缉在兜布上。

⑨ 将兜布向上翻折，长度超出腰缝 0.5cm。勾翻兜布缉 1cm，后修剪成 0.3cm。

⑩ 缉兜布两端的明线 0.4～0.5cm 宽。

⑪ 沿腰缝向下 0.5cm，将腰缝和兜布缉合在一起。

5. 前片缝制、做插袋

① 将裤片准备好，在斜插袋袋口位反面粘无纺衬，之后将净袋口位扣烫好。

② 按规定的方法和尺寸裁好斜插袋袋布，并剪出垫袋布。

③ 将袋底在兜反面缉好，然后翻转过来烫好。

④ 将袋布固定在袋口位的反面，用裤片将其包住，缉袋口明线，并做好袋口封印。

⑤ 将袋口两端固定。

⑥ 兜底缉明线。

6. 缝合侧缝、车缝下裆缝及圆裆缝

(1) 合侧缝　前裤片在上，合缝时要拉开下层袋布，合缝后劈缝，要注意防止后片吃势过大，同时注意侧袋位的准确。

(2) 合下裆缝　下裆缝是裤子的关键，缝得不好会产生链形吊紧，注意线松紧的控制，中裆以上部分要缉双线并重合，之后劈缝。

(3) 缝合圆裆缝　将左裤管翻成反面朝外，右裤管套在左裤管里面，将圆裆合好，如果腰面后中心断开，在后中心处要留出 5cm 的口。注意裆底十字对准，后裆弯部位尽量拉大，之后劈缝熨烫。

7. 绱拉链

绱拉链是裤子制作中的一个难点，绱的好坏直接影响到裤子的外观质量和内在品质。绱拉链的方法很多，只讲其中一种。

(1) 装门襟　将门襟正面与左前裤片正面叠合，缉线 0.6～0.7cm，向门襟贴边方向坐倒，压缉 0.1cm 止口，将门襟翻进，门襟止口贴边坐倒 0.1cm，喷水烫。

(2) 装里襟和里襟拉链　将右裤片的前裆缝 1cm 扣净，防止露出拉链，上边 1cm 扣净，接近臀高线时扣净 0.8cm。将拉链的面与里襟面正面相对，用手针固定，将里襟

与拉链一起固定到右裤片上。缉 0.1～0.2cm 的明线。将门襟搭到里襟上牵好，折起里襟，将门襟贴边与拉链缉合在一起，在左裤片上，缉 3.6cm 明线，封好小裆。

　　8. **扣腰头、绱腰头**

　　（1）做襻带、固定襻带　净规格 1cm×7.5cm，共 6 根。后中心两根，间隔 3cm，前中线上各一个，前后襻带之间 1/2 处左右各一个，上口与腰平齐，缉 1cm 线和下降 0.5cm 线各一道，每道要钉牢。

　　（2）做腰　腰面尺寸为 8cm×（腰围＋5.5cm）。将腰面按要求粘无纺衬，再对折扣烫，腰里虚出 0.2cm。

　　（3）绱腰　1cm 缝份绱腰面与裤片，缝份向上倒，再从正面沟里将腰里固定，正好卡腰里 0.2cm。

　　（4）缉襻带　将襻带钉缉到腰头上。

　　（5）整熨　熨烫平服，无焦痕，无极光。

　　9. **锁钉、整熨**

　　① 将襻带钉缉到腰头上。

　　② 手缲腰头里。

　　③ 手缲脚口。

　　④ 熨烫平服，无焦痕，无极光。

　　10. **裤子制作质量要求**

　　① 符合成品规格。

　　② 外观美观，内外无线头。

　　③ 门里襟顺直，襻带整齐无歪斜。

　　④ 做、装腰头顺直、不起链。

　　⑤ 侧袋、后袋袋口平服，袋口方正，袋角牢固，无毛露出。

　　⑥ 符合人体表面曲线要求。

　　⑦ 熨烫平整，无焦痕，无极光。

第四章

女上装的结构设计与缝制要领

第一节

女上装分类

一、按轮廓形态分

女装宽大或瘦长或丰满的整体感觉，是由身宽方向加放的松量来决定的。肩宽、肩倾斜角度、肩端形状形成肩线，与领子共同显示出流行趋势，反映着设计要素。另外，西服的衣长是否到达臀围线以下可覆盖臀部，省道以及剪接线的位置、量的改变，腰围的收拢与加减变化，都能表现出各种各样的轮廓造型。衣身的轮廓分为直线轮廓、半合身轮廓、合身轮廓。

二、 按长度分

女装从长度上可分为以下四种。

（1）短款 身长到臀围线的上装，和长款相比一般都叫短上装。

（2）半长款 以下装的裙长为准，女装的长度在裙长的四分之三处。

（3）中长款 以下装的裙长为准，女装的长度在裙长的八分之七处。

（4）长款 一般将下装的裙长全部遮盖起来的长款女装，随着流行可长及脚踝。

第二节
女上装原型制图

一、女上装各部位结构线名称

1. 上衣原型名称

横线包括前肩线、后肩线、腰围线和袖窿深线。竖线包括前中线、后中线、胸宽线、前侧缝线和后侧缝线。主要曲线包括前领窝、后领窝、前袖窿曲线、后袖窿曲线，前后袖窿曲线之和为袖窿曲线（AH）。对应点有前颈点、后颈点、前侧颈点、后侧颈点、前肩点、后肩点和胸乳点（图4-1）。

2. 袖子原型名称

横线包括落山线和肘线。竖线包括袖中线、袖山高线、前袖缝线和后袖缝线。主要曲线包括袖山曲线和袖口曲线。对应点包括袖顶点即肩点（图4-2）。

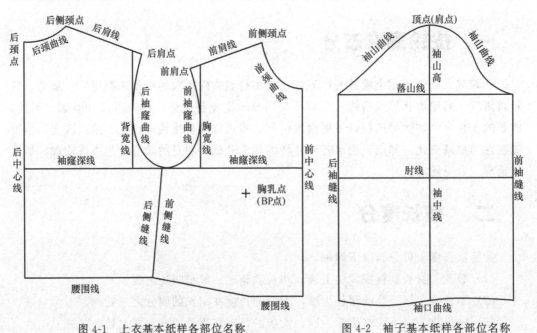

图4-1　上衣基本纸样各部位名称　　　　　图4-2　袖子基本纸样各部位名称

二、放松量参考值

1. 原型的分类

（1）前衣身省道量集中于腰围上的原型　这类原型，胸部的隆起部分以在腰围线下的形式集中表达出来，胸部隆起是否丰满和平缓可以直观地看出。这种原型不但适宜作女衬衫、春秋衫的结构图，而且也便于制作在腰围线上作分割的外衣结构制图。日本的文化式、登丽美式原型便属于此类原型。

（2）腰围线成水平状的原型　这类原型胸部隆起部分以直胸省、袖隆省、侧缝省的形式表达，这样的原型形成腰围线呈水平状，是便于制作宽松外衣、大衣的纸样。这类原型根据测量部位数量和外形的不同而分类。

（3）胸部隆起部分分为两部分省缝形式的原型　这类原型由于包含胸腰两部分省缝量，特别适宜作胸部很丰满的以及立体感很强的贴体服装。美国、英国、意大利等国的服装院校多采用此类原型。

（4）上衣原型和裙子原型合二为一的原型　这类原型用于制作连衣裙、大衣等服装较方便，多为英国、法国等国的服装院校使用。

2. 各类原型的测体部位和放松量

各类原型的测体部位和放松量明细见表 4-1。

表 4-1　各类原型的测体部位和放松量明细　　　　单位：cm

序号	胸部放松量	测体部位
1	8～10	胸围、背长、胸宽、背宽、肩宽、领围、胸高、前腰节长
2	10～12	胸围、胸宽、背宽、肩宽、背长、前腰节长、领围、胸点距离、胸高、背长
3	10	胸围、胸宽、肩宽、背长、背宽、领围、前肩斜度、后肩斜度、胸省长度、腰围、臀围、中臀围、臂围、肘围、腕围、衣长、袖隆深、袖底缝长、腰长、胸高
4	10	胸围、腰围、臀围、中臀围、背宽、臂围、领围、肩宽、肘围、腕围、衣长、背长、袖隆深、袖底缝长、腰长、胸高

三、原型制图步骤

1. 日本文化式原型特征

① 上衣基本尺寸为胸围和背长。

② 后肩宽比前肩宽长 1.8cm。

③ 胸围的放松量为 10cm。

④ 原型的胸围线前后二等分。

⑤ 有袖原型。

2. 日本文化式原型制图

（1）上衣原型制图　采用日本女装规格 M，胸围（B）82cm、背长 38cm。

① 作基础线：长为背长（38cm）×B/2＋5cm 的长方形，5cm 为放松量。然后按图 4-3 所示依次完成袖隆深线、前后侧缝线、胸宽线和背宽线。

② 作后领窝和后肩线：以后颈肩点为基础点，按后领宽为 B/20＋2.9cm 确定后领宽，后领深为 1/3 后领宽，后落肩为 2/3 后领宽。按图 4-4 所示完成后肩线和后领口弧线。

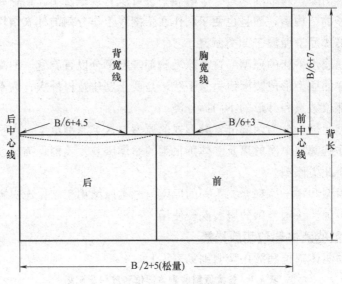

图 4-3　作上衣基础线

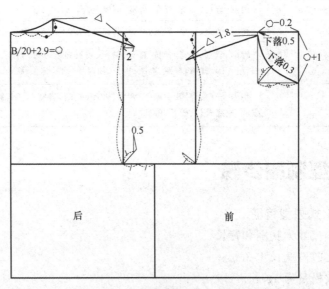

图 4-4　作前后领窝和前后肩线

　　③ 作前领窝和前肩线：前领宽为后领宽－0.2cm，前领深为后领宽＋1cm，前落肩为 2/3 后领宽，前小肩为后小肩－0.8cm，颈肩点为侧颈点领宽线向下 0.5cm。按图 4-4 所示完成前肩线和前领口弧线。

　　④ 作袖窿曲线：如图 4-5 所示确定前后腋弯点、前后分界点，完成袖窿弧线并确定前后符合点。

　　⑤ 最后按图 4-6 所示，确定乳凸量、胸乳点（BP 点）、侧缝线和前腰线，完成全部制图。

　　（2）袖子原型　采用日本女装规格 M，袖长 52cm，袖窿长（AH）实测前 AH 为

20.5cm，后 AH 为 21cm，袖窿 AH 总长为 41.5cm。

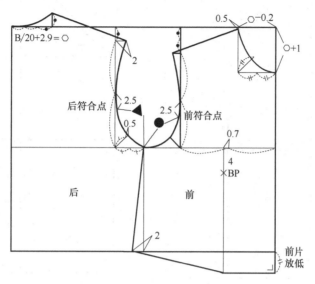

图 4-5　作袖窿曲线

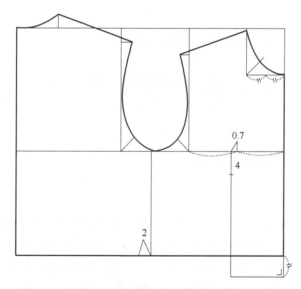

图 4-6　确定乳凸量、胸乳点、侧缝线和前腰线

①　作基础线：先作十字线，从十字线交点向上取 AH/4＋2.5cm 为袖山顶点。由袖山顶点向下取袖长 52cm，并由袖山顶点向左右各取后 AH＋1cm 和前 AH 以确定袖肥。然后按图 4-7 所示完成前后袖缝线、袖口线和袖肘线。

②　作袖山曲线：按前袖山辅助线的四等分比例确定袖山曲线的凹凸点，注意前袖山 S 线的转折点在四等分的中点处向下 1cm，用圆顺曲线完成袖山线。袖子的前后符合点（对位记号）是根据上衣原型的前后符合点确定的参数设计的（图 4-8）。

③　作袖口曲线：按图 4-8 所示完成前凹后凸的袖口曲线。

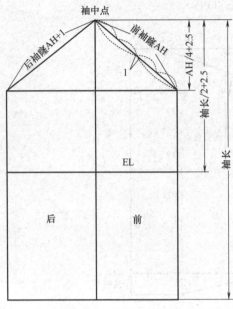

图 4-7　作袖子基础线

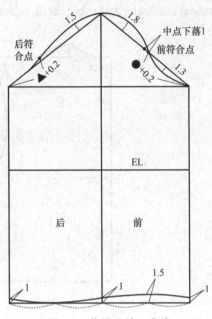

图 4-8　作袖山袖口曲线

第三节
女上装变化

一、女上装省道变化

1. 省的转移原理

省道的位置是可以随时变化的，例如胸省，由于胸凸集中于 BP 点，所以以 BP 点为圆心，360°之间都可以设计成省位，如图 4-9 所示只是省道的位置不同，可以相互转移，而得到的立体效果是完全相同的。胸省和省道的转移必须通过 BP 点，省尖距 BP 点有 2～3cm 的距离，以追求美观文雅，适合胸部的真正形态。腋下省为了隐蔽距省尖会更远一些，一般仅超出胸宽线 2.5～3cm（图 4-10）。

2. 省的转移方法

省的转移方法有三种，即剪贴法、旋转法和作图法。

（1）剪贴法　如图 4-11 所示，在原型上确定新省的位置，然后在新省处剪开，并将原来省道的两条边贴合在一起，新省处自然打开，呈缺口状态，这个新的缺口就是转移后的省道了。

（2）旋转法　如图 4-12 所示，从剪贴法中我们可以看到，省移的实质是原省、新省的开口线将衣片分成 M 片、N 片两部分，再将两部分重新拼合。M 片不变，N

片轮廓不变但位置变化。分析形成的过程，由于 BP 点位置不变，所以可以以 BP 点为圆心，将圆形逆时针旋转使原省合并，再沿 N 片外轮廓描绘下来即可。具体绘制过程如图 4-13 所示。

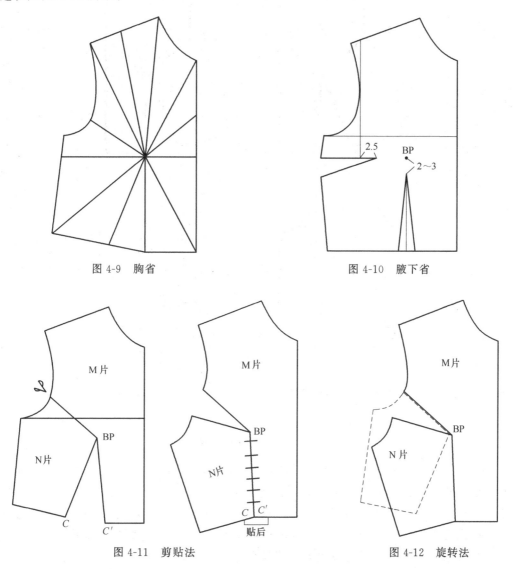

| 图 4-9　胸省 | 图 4-10　腋下省 |

图 4-11　剪贴法　　　　　　　　　图 4-12　旋转法

① 将原省整理好，省尖指向 BP 点。在新省位置处做好记号，向省尖连接线，将原型分为两部分。

② 按原来的形状描下含前中心线的部分，起止点分别为新省位处和原省位点 C'。

③ 以 BP 点为中心，用针插住做转轴，将纸样旋转，使原省道的两边线位置重合（C 点转至与 C' 点重合）。描下另外一部分的外轮廓线，起止点分别是新省位点和原省位处。

④ 外轮廓在新省处产生空缺，与 BP 点相连得到的张角即为新省。实用的省需要做削短变形的调整。

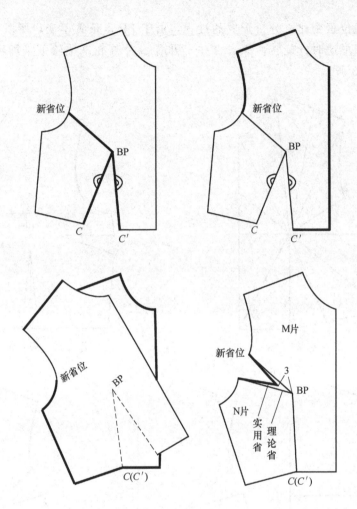

图 4-13　旋转法绘制省

（3）作图法　如图 4-14 所示，新省位置一旦确立，形成的 M、N 两片的形状也就固定了。转省后的 N 片可以通过确定其轮廓上的关键点 A、B、C、D、E 的位置而得到。如图 1-14 所示的 B 点位置不变，C 点转至 C' 处，D' 点的确定可根据它与 B' 点和 C' 点间的距离等于 D 点与 B 点、C 点的距离而确定。作图方法如图 4-15 所示。

① 以 B' 点为圆心，以 BD 的长为半径画弧。

② 以 C' 点为圆心，以 CD 的长为半径画弧，两弧相交得到 D' 点。

③ A'、E' 两点的求法相同，分别以 BA、DE 和 BE、DE 为半径画弧相交。

确定了定位点，轮廓的直线部分可做连接，弧线部分可根据其凸凹程度近似绘出。因为这种方法可丢开具体的原型模板，在某些情况下，就显得更为有用和简便。对较为复杂的轮廓的转移，还是用前两种方法更加方便。

3. 省道的设计

（1）省的分解与转移方法

① 部分省转移：上面所讲的省的转移是全部的移位，称之为全省转移。实际的运用中较多的是部分省量的转移。

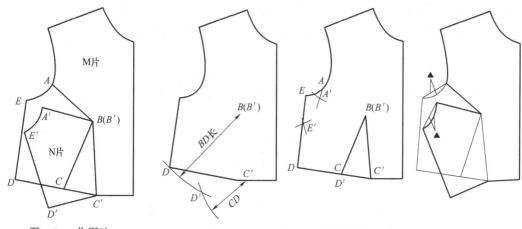

图 4-14 作图法

图 4-15 作图法绘省方法

例 1：肩省设计。如图 4-16 所示，前肩上设的 A 点至 BP 点设一省。运用旋转法，由 C' 点开始画线，前中线为虚线，当绘至肩上设定的点时，以 BP 点为中心转动原型板，使其转至腰线斜线部分与水平线重合，再由 A' 点描绘至 C 点。从肩省转移的过程看，腰线移平后，全省在腰线上还保留了 CC' 量，成为腰部的放松量。实际运用中省尖距离 BP 点 2～3cm。剩余的 1/2 省量作为腰部的放松量。

例 2：侧腰省结构设计。如图 4-17 所示，当制作合体型服装时，为了使造型丰满、合体，则使用全省分解，把原型的全省分解为两个省，即侧缝省和腰省，采用旋转法。首先确定侧缝省位置 A 点，绘制时由 C' 点起笔，前中心线为虚线，当绘至 A 点时，以 BP 点为中心转动原型板，转至原型腰线斜线部分呈水平状，A 点转至 A' 点。再由 A' 点绘至原型原省位 C 点。全省被分解为 AA' 和 CC' 两个省道。此例题由于两个分解省中的一个仍在腰线上，则只需转动一次，剩余省则为腰省。

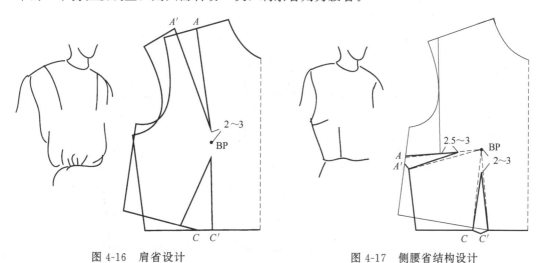

图 4-16 肩省设计

图 4-17 侧腰省结构设计

② 省尖的转移：肩胛凸相对于胸凸而言，在外形上较为模糊，但与臀凸和腹凸相比，还是比较明确的，因此省道的结构线和指向的作用范围是比较确定的，如图 4-18 所示，以肩胛凸点为中心，肩胛点上方 180° 之内均可为省位。由于肩省省量较小

（1.5cm），所以不存在省的分解问题，省量的选择是一次性的。在某些情况下，为了立体造型效果更好，只用肩省的大部分，而剩余的部分成为缩缝容量。

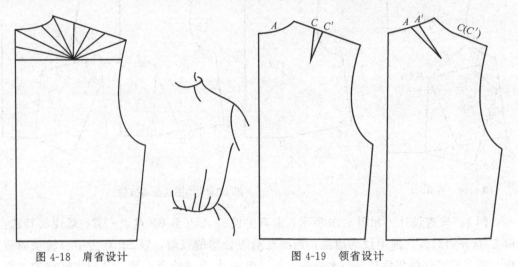

　　图 4-18　肩省设计　　　　　　　　　　图 4-19　领省设计

　　例1：领省设计。如图4-19所示，把省位设计在领口弧线上，用旋转法。首先在领弧线上选择新省位点 A，原省为 CC'。在转省时，由 A 点经后中心线、腰线至 C' 点，按原型画线，不变化。转动时，以省尖为中心顺时针转动原型，使 C 点转至与 C' 点重合，A 点转动到 A' 点，连出省道，此时肩省转为领省。

　　例2：肩育克线设计。合体服装的育克线设计必须把肩省转至育克分割线内，用旋转法。如图4-20所示，在肩省尖下1cm处选择横向水平分割线，得 A 点，原省为 CC'。在转省时，由 C 点经后中心线、腰线至 A 点，按原型画线不变化。转动时，以肩省尖为中心逆时针转动原型，使 C' 点转至与 C 点重合，A 点转动到 A' 点，连出省道。此时肩省转至育克分割线内。

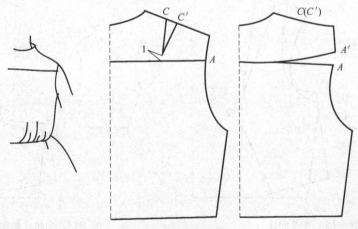

　　图 4-20　肩育克线设计

　　（2）省的变形与设计

　　① 直线省与省道转移：在进行实际服装设计时，许多情况下省道分解为多个省，

并且这些省道不直接通过 BP 点，此时我们要用间接辅助线和剪贴法来完成结构设计。

　　例：领部直线省转移。如图 4-21 所示，首先将原型上衣腰省的一部分移至袖窿，根据款式，确定领部省道的位置。由于领省不直接通过 BP 点，则需连接辅助线，把领省省尖连至袖窿省。然后剪贴袖窿省，并把领省线剪开，使其均分袖窿省省量。最后根据造型，完成最终结构线。

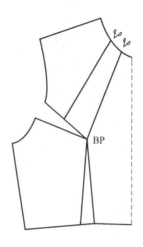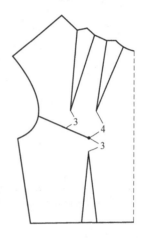

图 4-21　领部直线省转移

　　② 曲线省与省道转移：如图 4-22 所示，其省道形式为弧线形，其结构设计方法与直线省相同。首先将原型上衣腰省的一部分转至领口弧线（前颈点），并根据款式设计出弧线造型，然后连接辅助线，并用剪贴法完成省道转移。

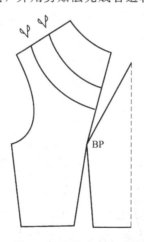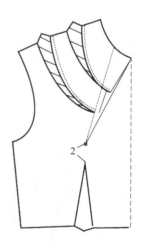

图 4-22　曲线省与省道转移

　　③ 装饰线与省道转移：在服装款式中，常常运用一些装饰分割线来丰富款式设计。在进行结构设计时，首先要根据款式图在原型上确定装饰分割线的位置，然后将省道转至分割线内。如果分割线方向指向 BP 点，则直接可运用转移法进行结构设计，如果分割线不直接通过或指向 BP 点，则用剪贴进行结构设计，如图 4-23 所示，应把省转至接近 BP 点的分割线内。

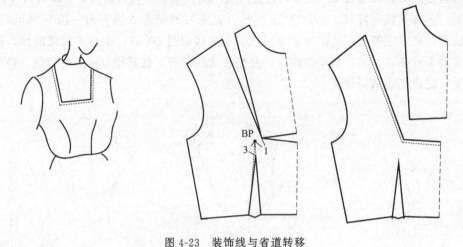

图 4-23　装饰线与省道转移

二、女上装分割变化

1. 女性体型结构特征线

　　人体上面与面之间的连接线是构成体型的最重要的结构线，它是能够引起衣片由平面向立体转化的线。在进行服装结构设计时，我们必须正确理解和把握人体及其结构。只有通过大量的人体观察、分析和测量，才能获得关于人体结构的准确信息。由于人体体表形态复杂，反映在平面结构设计中，结构线的变化也很复杂，并且这些结构线的形状也不规则，难以用公式和数据来衡量，所以结构线的准确性取决于设计者对人体的理解与把握。如图 4-24 所示是根据人体表面的起伏变化以及面与面之间的转折线而设置的，是体现人体结构特征的主要线条。每一条结构线都可转化为平面制图中的省或分割线，下面分别对这些线条在造型中的作用进行介绍。

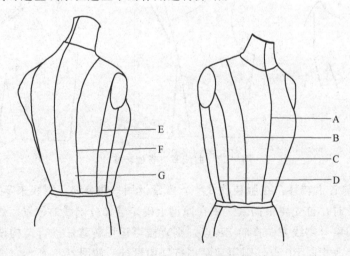

图 4-24　人体结构特征线

A——前中心线，又称"前门襟线"，在结构设计中通过撇胸量来塑造胸部的凸起量。

B——通过 BP 点的线，又称"公主线"，此线可将肩省、腰省包含于结构线之中，在结构设计时可进行连省成缝，体现出女性胸部凸起、腰部收缩的特征，并可通过此线增大下摆的幅度，改变廓型，是女装造型设计的重要结构线。

C——人体正面与侧面的转折线，在这个位置，人体表面凹凸起伏较大，是三开身服装的侧缝省位置。在下半身臀围线上前方最凸部位，即是股骨的隆起处，对服装的侧面造型有较明显的作用。

D——侧缝部位，这是四开身服装的侧缝位置，是塑造服装廓型的重要结构线。

E——人体侧面与背面的转折线，与 C 线构成的面称为服装的"腋面"，是服装后衣身起伏较大的位置，是三开身服装的侧缝位置，也是服装立体造型的重要位置。

F——形成肩胛凸、收腰、臀凸的背部造型线，与公主线相对应，组成一对服装造型设计重要的结构线。

G——后中心结构线，是决定服装侧面造型的线条。

如图 4-25 所示是按照上述人体结构的位置所做的分割线及在腰线上各省所占总省量的比例。

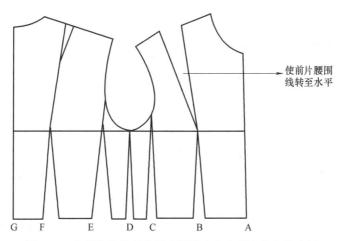

使前片腰围线转至水平

图 4-25 人体结构分割线及在腰线上各省所占总省量比例

2. 分割线的设计原理

（1）分割线的造型设计对服装整体风格的影响 分割线设计与省道设计的本质完全相同，它是省道设计的变化形式，是省道设计的深化与延伸，比省道设计更富有表现力。分割线的形态主要有横、竖、斜、直、曲、弧等，可通过对线条的起、伏、转、折等变化设计，来表达设计师的设计意图。横线平稳，斜线给人以动感，曲线柔和，弧线柔顺。通过点、面、线、条等的组合，充分表现设计师的设计效果，并依据其自身所固有的特征规律，使人体与服装造型表现得完美统一。

（2）分割线设计的位置对服装造型的影响 其位置的设计既要依据服装款式设计的要求，又要考虑其功能的特征。从人体结构特征线可观察出分割线设计的位置发生变化时，引起包含在分割线内的省道大小、形态发生改变，即分割线的曲率形态也随之变化，人体的表面凹凸特征也发生改变。因此，在设计分割线时，必须以款式造型为依据，以人体特征为根本。

（3）分割线数量对服装造型的影响　从某种意义上讲，分割线的数量越多，则服装的可塑性就越强，服装的合体程度就越高。如若增加上衣的分割线，可利用塑造胸凸、肩胛凸、臀凸和腰部凹陷的造型，表现出女性所特有的胸、腰、臀曲线。又如衣袖设计成一片袖时，无论怎样设计，其造型都不尽如人意，当增设一条分割线设计成两片袖时，就大大增强了袖子立体造型的能力，既美观又具有功能性。可见分割线在服装设计中的作用。

综上所述，分割线的设计既独立又相互关联。当运用竖线分割时，其部位设计应按其数量在衣身上尽可能通过人体的凹凸点，并按照人体的凹凸程度设计分割线的造型，使分割线均衡美观。

3. 上衣分割线的设计规律

（1）通过省尖点的分割线　如图4-26所示为通过省尖点的分割线。其设计方法是首先在原型上设计分割线位置。由于分割线通过省尖，所以可直接运用省移原理，把省道设计在分割线内。

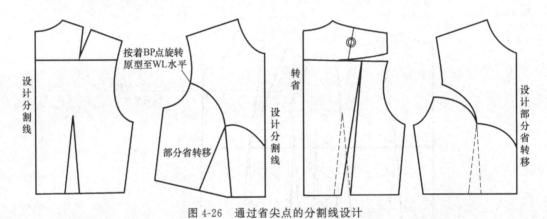

图4-26　通过省尖点的分割线设计

（2）与省不接触的分割线　如图4-27所示为与省不接触分割线的设计。因分割线偏离BP点，则在原型上设计出分割线后需连接辅助线，使其与BP点关联，然后运用剪切法将部分省转移至分割线内。最后修整分割线，使其符合款式造型。

（3）切过省道的分割线　如图4-28所示为切过省道的分割线。有分割线上一点指向BP点的短省，其作用是形成胸凸的立体造型。需进行两次转省才能实现分割线和省道设计。首先将胸省的一部分转至肩线上，使腰斜线转呈水平状态，使其不影响前衣片分割线的设置。在处理后的原型纸样上设计出前后身分割线的位置和胸省的位置。最后把肩省转至所设计的胸省处，依据效果图完成最终结构线。

服装款式设计中，分割线的数量与其廓型和合体程度及加工工艺有着直接的关系。随着分割线数量的增加，服装由宽松向合体逐渐转变，其变化形式是衣身设计为二片式、三片式、四片式、六片式、八片式等，相应其分割线的形状由直线型向曲线型变化，省量也由小向大变化，其位置在不明显偏离人体凹凸点的情况下，趋于均衡分配（图4-29）。

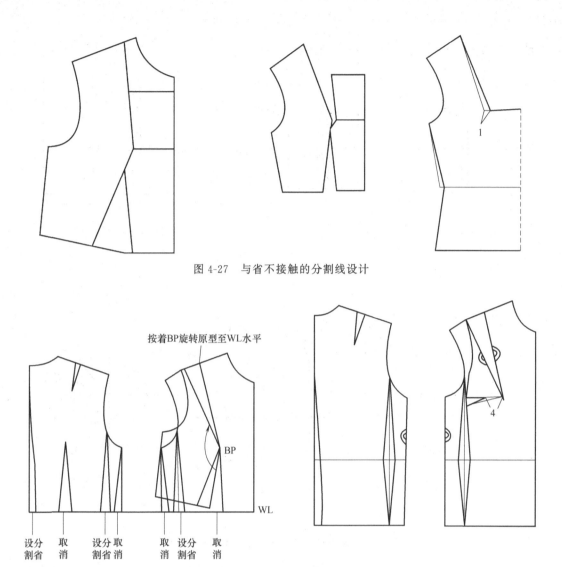

图 4-27　与省不接触的分割线设计

图 4-28　切过省道的分割线设计

　　图 4-29 中①是最基本的服装结构图。侧缝线设计在 D 线上，符合四开身的结构特点。这种结构只在侧缝做了一个省道，没有从根本上解决衣片由平面向立体转化的问题，大部分衣片仍处于平面状态，此结构形成的服装较宽松。

　　图 4-29 中②是在①的基础上，在 B 线和 F 线位置增设了肩省和腰省，并在 D 线位置进行了收腰处理，较好地表达了女性胸部与腰部的特征，虽然仍为四开身服装，但服装的立体感和造型与女性体型更加接近。

　　图 4-29 中③是将 D 线合并，在 C、E 线位置设计分割线，并做收腰处理。由于人体在此二线处凹凸变化较大，所以在此处设计分割线是较为合理的，通过分割线形态的变化，使省与缝融为一体，使服装起伏过渡平滑、美观，立体造型效果较好。

　　图 4-29 中④是在③的基础上，在 D 线和 G 线处增设分割线，加强了服装正面与侧面的立体造型能力。这种结构分别在 C、D、E、G 四条分割线内分割进行收腰处理，

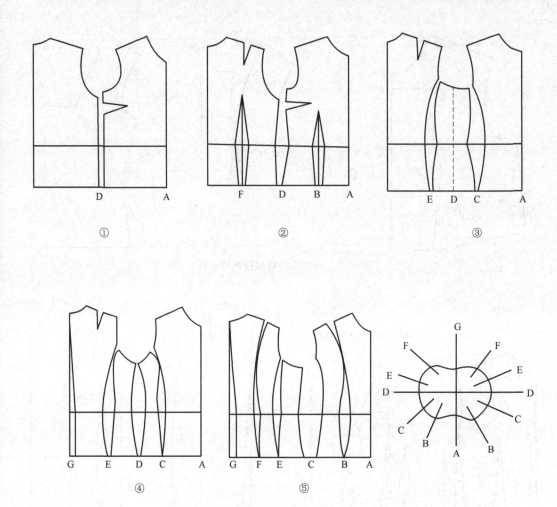

图 4-29　分割线数量与廓型和合体程度的关系

　　并且每一条结构线的形状，均能按照所对应的人体特征线的形态来设计，使服装更具有立体表达能力。又因结构线的增加，使服装面与面的过渡变得平缓而圆顺。

　　图 4-29 中⑤是女装中体现女性体型特征的最佳结构形式。其结构线的设置于女性体型结构的特征线相吻合。通过 B 线与 F 线的形态变化，使服装的肩部、胸部、腰部、臀部均得到较理想的立体处理。同时，C、E 线和 A、G 线分别可加强服装正面和侧面的立体造型能力。由于分割线数量的增加，使服装造型更加合体，面与面的转折更加自然、美观。同时，服装能在视觉上给人以修长感。

　　以上五种结构形式，既相互独立又相互转化。在进行结构设计时，可通过结构线的移位，运用纸样分割与合并等方法来实现。

4. 省与分割线的设计应用举例

　　例 1：如图 4-30 所示。

　　例 2：如图 4-31 所示。

　　例 3：如图 4-32 所示。

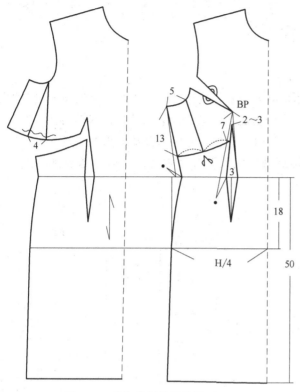
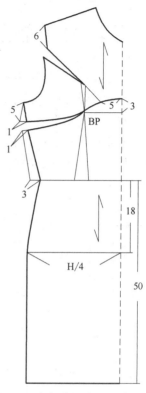

图 4-30　省与分割线的设计（一）　　图 4-31　省与分割线的设计（二）

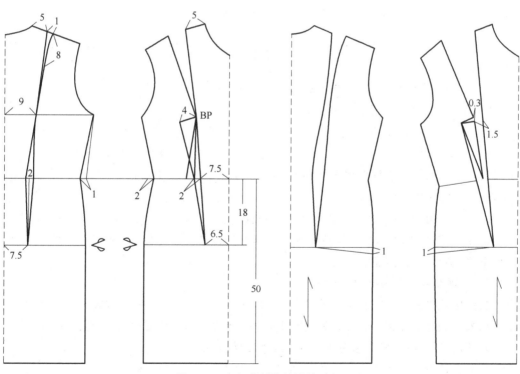

图 4-32　省与分割线的设计（三）

三、女上装褶裥变化

1. 自然褶与省道转移

在女装设计中，经常采用自然褶的处理方法。自然褶包括缩缝、坠纹和波浪三种形式。褶是省的变形形式之一，既具有省的功能，又有立体装饰效果，富有动感，丰富了服装的肌理表现。褶除了由省转化而来以外，还能通过将衣片展开增加余量。平面展开有三种：平移展开、旋转展开和叠加展开。此展开方法也适用于规律褶、裥和波浪褶（图 4-33）。

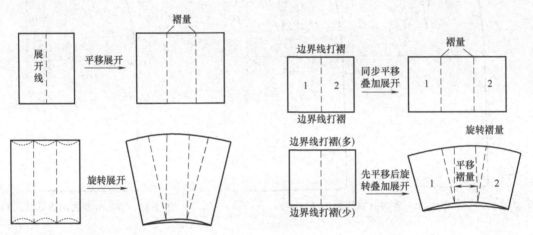

图 4-33　自然褶展开

（1）缩缝形式　服装中缩缝处理由缩缝处的分割线和缩缝量组成。其包含了功能性设计和装饰设计两部分内容。

例：肩缝缩褶结构设计如图 4-34 所示，步骤如下。

① 将原型上衣的腰省转至侧缝。

② 根据款式造型，在转省后的原型纸样上设计出肩缝分割线弧线。

③ 连接辅助线 1、2、3、4，辅助线的位置由款式图中缩褶位置所决定。哪些部位有缩褶，则在那里设立辅助线进行切展。图 4-34 中 A 点为对位记号，表示在缝合时两点对应。缩褶集中于 A、B 两点之间。

④ 剪开肩缝弧线，然后分别剪开 1～4 辅助线。

⑤ 合并侧缝省，此时 1～4 线张开，使其均分省量。这时合并了侧缝省如图 4-34 所示留下些间隙，不必修正。

⑥ 连顺曲线，并做好对位标记。

（2）坠纹形式　没有成形的省为横向时，会下垂堆积形成垂坠皱纹。如图 4-35 所示为前衣身领圈坠纹造型。在作图时首先将原型腰省转至前中心水平位置，然后将前中心线按照图 4-35 所示的方法完成，可形成领圈坠纹的造型。

（3）波浪形式　省没有缝纫成形而呈放开状态，省口处漂浮，一般位于一片边缘，在下摆形成像波浪一样摆动，没有固定形状的皱纹。结构设计方法与缩褶处理类同，将省道移至开放边缘，为使波浪均衡，在侧缝处需补充一定的波浪量，也可再用切展法扩展，进一步补充波浪量，在褶的使用量上，一般开放型波浪量比缩褶量多一些。

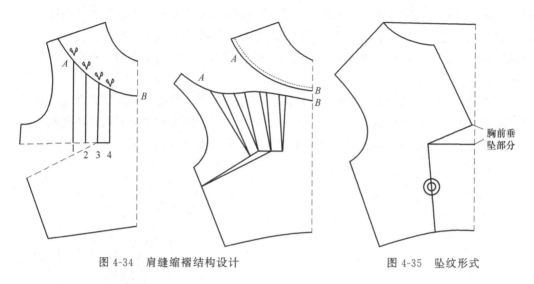

图 4-34　肩缝缩褶结构设计　　　　图 4-35　坠纹形式

2. 褶裥与省道转移

在进行女装设计时，常常会用到褶裥的处理，裥是将面料折叠并沿边缘缝死形成的。褶裥主要适用于较宽松式和宽松式设计，以便表现出悬垂性、有秩序性的飘逸风格。

例1：前衣身肩褶设计。如图 4-36 所示，褶裥设计于肩部，其褶量由转移胸省的全省形成，服装款式属较合体型。在肩部设计褶裥，增加了胸部的活动量，又以胸省的形式形成，具有适体的功能性，集功能和审美为一体。

例2：后衣身肩褶设计。如图 4-37 所示，在后衣肩端点处设计一褶裥，用以增加后背的活动量。可在腰线上设计一个辅助点，运用切展法设计出肩部所需褶量。

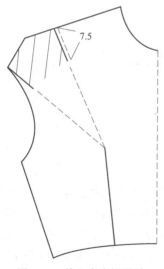

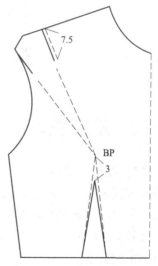

图 4-36　前衣身肩褶设计　　　　图 4-37　后衣身肩褶设计

　　例3：前胸褶裥设计。如图4-38所示，为前胸有8个褶裥的款式。首先根据款式在上衣原型纸样上设计出褶的位置，并把胸省的一部分（腰斜线转至水平）转移至靠近BP点的褶裥内。将前衣片袖窿深修至与后衣片相同。运用切展平移法将衣片切展，完成褶裥。由于肩线为斜线，领围线为弧线，所以其结构线为不规则齿状。此类款式在进行结构设计时，应注意将胸省量包含在褶内，使服装适应人体曲面造型，避免因褶裥张开而不美观。

　　例4：育克与塔克褶设计。首先在上衣原型纸样上设计出横线分割，即育克，并设计出塔克褶褶位。然后将胸省的一部分转至褶位处，三个塔克褶的褶量由转移的胸省量形成，省量包含在褶内，既起到造型效果的作用，又具有功能性（图4-39）。

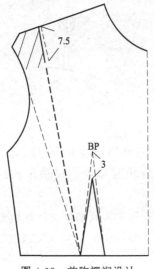

图4-38　前胸褶裥设计

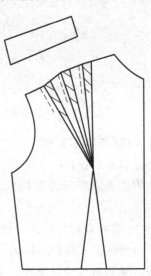

图4-39　育克与塔克褶设计

✂ 第四节
女上装领型变化

一、无领设计

1. 贯头型无领结构

　　贯头型无领结构指前中心没有开口，处于连折状态的无领结构。由于人体前胸呈倾斜状态，需通过做撇胸消除衣服在前中心线处不平服的余量（如开口型无领结构），但贯头型无领结构前中心不开口，则应将此量放在后领宽内。如图4-40所示，设AB为基本领窝的前领窝部分，则若已知N，前领宽＝N/5－1cm；后领宽＋人体固有撇胸量＝前领宽＋1cm。后领深及前后肩差（根据材料特性而定，此时取0.7cm）保持不变。

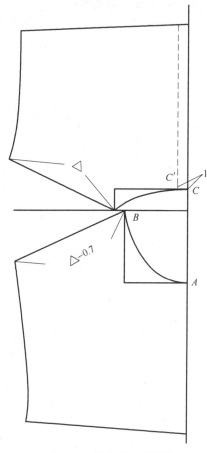

图 4-40　贯头型无领结构

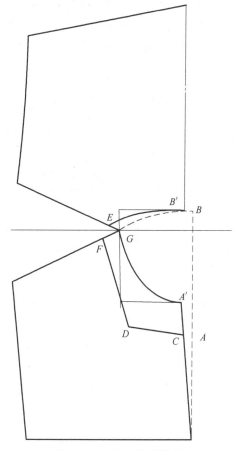

图 4-41　开口型无领结构

2. 开口型无领结构

开口型无领结构指在前中心线处开口的形式。前中心线由于存在开口，则可将撇胸量设计在此处，以消除服装在此处不平服的余量。如图 4-41 所示，如采用原型作图，则以前中心线与胸围线的交点为中心，转动原型，使前颈点 A 转至 A' 点，AA'＝人体固有撇胸量（女性一般取 1cm）。如曹勇比例分配法直接制图，则必须先做出基本领窝，在做基本领窝时，作 AA'＝人体固有撇胸量，A'-G-B 为基本领窝线，按基本领窝制图，前领宽＝后领宽＝N/5－1cm。若需设计如图 4-41 所示的无领领型，不易直接作图，必须首先按照 N 值做出基本领窝，然后再在衣身上按造型设计出 CD、DF、EB'，完成衣领结构图。

3. 设计举例

（1）U 形领　如图 4-42 所示，该领型形似 U 字，在原型纸样或基本领窝上做出领型即可。

（2）船形领　如图 4-43 所示，形似船形，在原型纸样或基本领窝上设计领型，其特点是前领窝线切过前颈点，横开领加大。

（3）V 形领　如图 4-44 所示，形似 V 字，在原型纸样或基本领窝上设计领型，横开领开大 1.5cm，领深点在胸围线向上 1～2cm 处，并将前领窝线修成弧线形。

（4）一字形领   如图 4-45 所示，在原型纸样或基本领窝上设计一字形领型。为造成一字形效果，将前颈点向上升高 1cm，但不可增加过多，仅此而已，并将横开领加大。

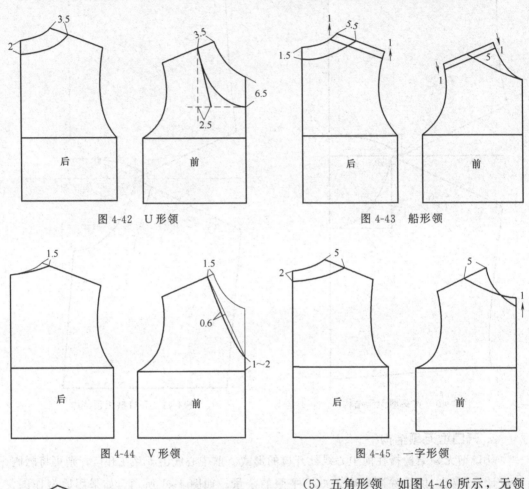

图 4-42   U 形领   图 4-43   船形领

图 4-44   V 形领   图 4-45   一字形领

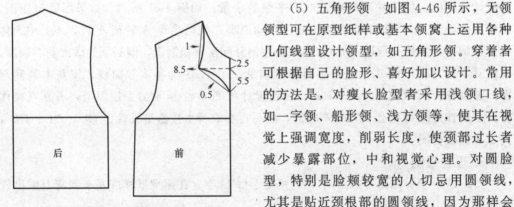

图 4-46   五角形领

（5）五角形领   如图 4-46 所示，无领领型可在原型纸样或基本领窝上运用各种几何线型设计领型，如五角形领。穿着者可根据自己的脸形、喜好加以设计。常用的方法是，对瘦长脸型者采用浅领口线，如一字领、船形领、浅方领等，使其在视觉上强调宽度，削弱长度，使颈部过长者减少暴露部位，中和视觉心理。对圆脸型，特别是脸颊较宽的人切忌用圆领线，尤其是贴近颈根部的圆领线，因为那样会使人觉得脸更圆、颈更短，加重其缺陷。

可采用大而开放的 "V" 字领线或倒梯形、鸡心形领线。总之，在设计领线的形状时，要注意避免选用与人脸形相近似的线型。

（6）倒垂领　如图 4-47 所示，此款为倒垂领，又称小瑞普褶。首先绘出基本领窝或采用原型纸样将前领深挖大 2.5cm，做出褶的位置，其次进行切展完成前衣片及领型，然后将完成的前衣片纸样拿到后片对齐肩点，在后衣片上描绘出前衣片肩线的形状，形成后片肩线的曲线形状，再与后中心提高尺寸点相接，即完成后片纸样。

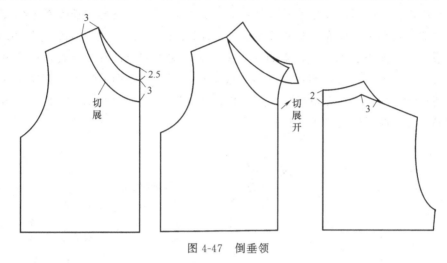

图 4-47　倒垂领

（7）垂褶型领口领　如图 4-48 所示，在原型纸样或基本领窝的基础上加上垂褶，形成垂褶型领口领（图 4-48①）。图中 AB 为形成后的前领窝线，在肩部设计三个褶，褶间距为 2cm。在原型纸样上设计出三个褶位，运用切展法，拉展出褶裥量和垂褶量，最后使 $A'B'=AB$，且与 CB' 垂直，完成结构图。注意垂褶领口领宜用 45°正斜材料。如图 4-48②所示，也可采用直接制图的方式，以 D 点为圆心，以 AD＋褶量为半径画弧，以 C 点为圆心，以 BC＋垂褶量为半径画弧，A′点为以 D 点为圆心作的圆弧的切点，B′点为以 C 点为圆心作的圆弧的切点，连接 A′B′，$A'B'=AB$，完成结构图。

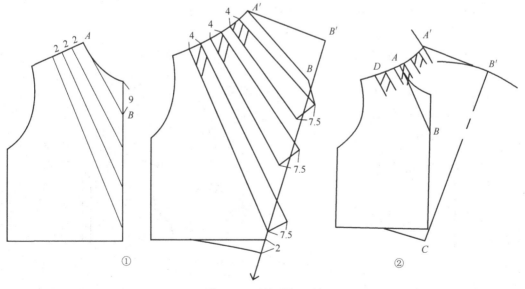

图 4-48　垂褶型领口领

二、高领设计

1. 单高领的结构设计

（1）结构设计原理　　高领的基本形状是直条形，这一直条形的长度等于领圈的围度，它的宽度是领子的高度。如果以直线方式制图，则完成后的领子必然与颈部形成距离而不服帖，如图 4-49①所示，影响外观造型。将这些漂浮的部分折叠，就会发现外领圈随着缩短而产生中心提高，领子形成弯曲状，领上口线围缩短即可使领子贴合脖子，如图 4-49②所示。一般情况下，高领的上口线与下口线长度之差为 2.5~3cm，所形成的高领与人体颈部的自然形态相近似。

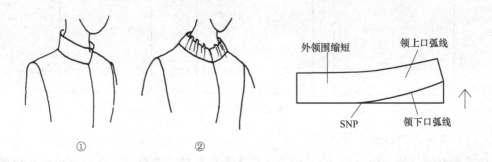

图 4-49　单高领设计

（2）高领的制图　　基本绘图步骤如图 4-50 所示。

① 作直线 $AB=N/2$，作 AB 的垂直线 AD 和 BC。

② 取 $AD=BC=$ 领高（3~5cm），连接 DC。

③ 在 BC 线上取 F 点，$BF=1.5cm$（关于 BF 的取值，详见后面讨论）。

④ 将 AB 三等分，得等分点 E，连接 EF。

⑤ 过 F 点作 EF 的垂线 GF，取 $GF=$ 领高。

⑥ 分别用圆顺的曲线连接 A、F 和 D、G，完成高领制图。

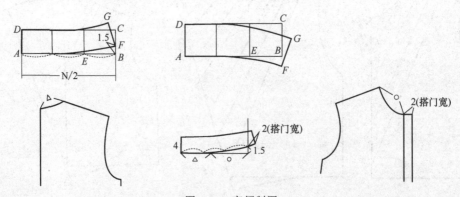

图 4-50　高领制图

运用上述方法制图，变化灵活，且适用面广。下面对有关问题加以讨论。

① 关于内倾式高领起翘量的讨论。为考虑其设计的功能性，起翘量可根据颈围和领孔的长度来设计，前中心提高尺寸翘度＝领孔长－颈围/3。一般情况下，起翘量为1.3~2cm。当起翘量小于1cm时，视觉上领子无倾斜感，在缝制时圆形的领圈上会出现打扭，影响外观；当起翘量大于2cm，增加3cm以上时，从结构设计的角度来看，也是合理的，只不过是强调了领型的锥形特征而已。但在功能上，由于领口弧线上翘度过大，使高领上口小于颈围而产生不适感，此时应将基本领窝开大，使领子的一部分化解为衣身，以满足其功能性。当起翘量取3cm时，基本领窝前后领围线必须挖大0.3cm；当起翘量取4.4cm时，基本领窝领围线必须挖大0.6cm，依此增长。

② 关于高领领子高度的讨论。高领的领高以颈长的三分之一至二分之一为宜，不宜过高。当高领高度过高，如超过颈长时，领上口线的长度应以头围为依据。这种领型由于领子上口线长度大于下口线长度，也可向下翻折，成为立、翻两用领。对这种领型的设计，不仅要考虑其高领状态的效果，还要考虑其变为翻领时的造型。

（3）高领的设计举例

① 普通高领如图4-50所示，高领领高为4cm，前中心起翘量为1.5cm，叠门宽为2cm。

② 大起翘量高领如图4-51所示，高领部分成为衣身，取前中心起翘量为6cm（前述原理），当起翘量大于3cm时，起翘量每增加1.4cm，前后领窝挖大量将增加0.3cm。当起翘量为6cm时，挖大量最小为1cm，大于1cm也成立。

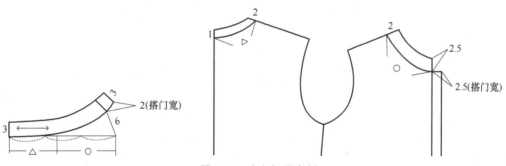

图4-51　大起翘量高领

③ 反向起翘的高领如图4-52所示，领子领上口线长度大于下口线长度，领子起翘方向向下，形成反向起翘高领。前中领高大于后中领，所以前领深挖大量为4cm。

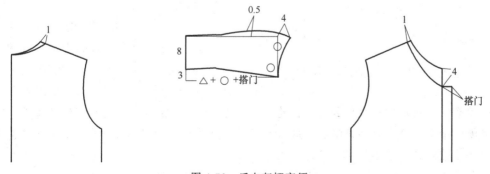

图4-52　反向起翘高领

④ 卷边领如图 4-53 所示，领子为小卷边领，其结构图为矩形。为使领子造型美观，这类领型必须采取斜丝排料的方式。

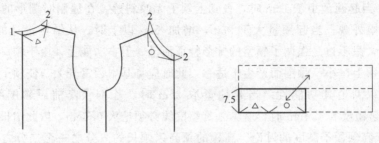

图 4-53　卷边领

⑤ 大卷边领如图 4-54 所示，由于此领型领上口线长度大于下口线，所以领子必须采取向下起翘的方式，使领上口线松弛，形成造型。

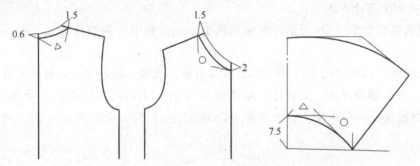

图 4-54　大卷边领

2. 连裁式高领结构设计

（1）连裁式高领结构设计原理　如图 4-55 所示为领下口线与前领窝线相切的变化原理。领下口线 $A1B1$ 由水平状态逐渐向上倾斜，形成 $A2B2$、$A3B3$、$A4B4$ 三种状态，随之产生切点 $A2$、$A3$、$A4$。随着切点沿领圈线向上移动，领子与领圈的重叠量逐渐减小，从而使结构设计成立。

（2）连裁式高领的结构处理

① 采用增加收领省的方法：过领下口线与领圈线的交点 A，向 BP 点引直线，并切开口折叠腋下省，便产生了领

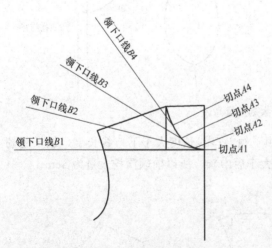

图 4-55　连裁式高领结构设计原理

省，使领子与衣身的重叠部分分离，使 DD' 间保持 2cm 的距离，因此产生了领下口线与领圈的缝头。这样处理既满足了造型的要求，又使领与大身不再重叠，有利于工艺制作，是连裁式高领常用的结构处理形式（图 4-56）。

② 利用分割处理的方法：如图 4-57 所示，由于高领部分与衣身部分重叠量大，无

法采用领省处理的方法，则应采用分割处理的方法将其分离。过领下口线与领窝线的切点，按照一定的款式造型，作出分割线，分解成两个单独的衣片。再将分离出来的衣片与其他相关的衣片组合，形成一种新的造型。图中将分离部分与后肩线合并，形成过肩。这种结构处理的方法，满足了连裁式高领的造型需要，并丰富了分割技术的应用内容。

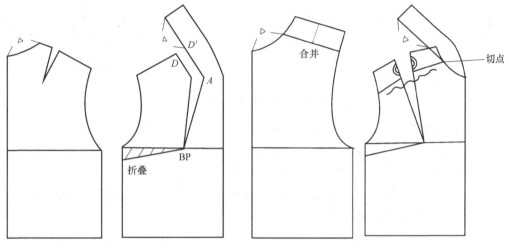

图 4-56　增加收领省方法　　　　　　图 4-57　分割领省方法

③ 放大前后横开领的方法：连裁式高领存在的一个共同性问题是在制图过程中，为分离重叠部分，领型过直，起翘量过大，使穿着时领上口过紧，而领下口涌起，影响其功能性和外观造型。可以增大前后领窝的领宽尺寸，来弥补领上口尺寸的不足，使矛盾得以缓解，达到功能性与审美的最佳效果。

④ 归拔处理的方法：归拔处理是利用面料的可塑性，使面料产生延伸或收缩，形成一定的立体造型。具体应用于连裁式高领，可通过"拔开"工艺，消除超合体领型中上口过紧的弊病。在应用归拔处理时，应与放大前后横开领的方法结合使用，前后衣领的领窝宜大而不宜小（图 4-58）。

(3) 全连裁式高领的结构设计

如图 4-59 所示，具体作图方法如下。

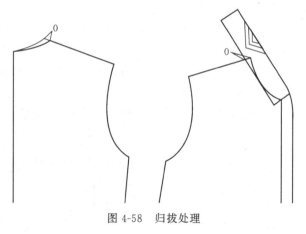

图 4-58　归拔处理

① 在前后领窝侧颈点处，分别过肩颈点作垂直于胸围线的线，取其长度为 2cm。由肩颈点沿肩斜线向外延伸 2cm，弧线连接两点，形成前后相等的 4cm 左右长度的高领侧面高度。

② 将前后领深分别挖深 1cm，并沿前后中心线延长 3cm，分别形成前后高领高

度 4cm。

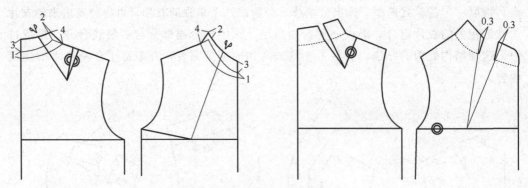

图 4-59　全连裁式高领结构设计

③ 用弧线分别画顺领上口线和领下口线。

④ 过前后领上口线的 1/2 处，分别与腋下省省尖和肩省省尖连线，并用剪切法将省道转移到连线内，使腋下省和肩省转移成领省。

⑤ 对领省做一处理，在省线与领上口线的交点处，各向外放出 0.3cm，使领上口线长度增加。连顺各弧线线条，完成结构图。

三、翻领设计

1. 结构设计原理

翻领在运用直角式作图时，后中心处必须要有一定提高尺寸。该尺寸与领座高成反比，即提高尺寸越大，所形成的领子领座高就越小；提高尺寸越小，所形成的领子领座高就越大（图 4-60）。下面介绍后中心提高尺寸与所形成的领子领座高的规律。

① 当提高尺寸为 1.5～3cm 时，所形成领子的领座高为 3.5～4cm。领子造型与颈部紧贴。

② 当提高尺寸为 4～6cm 时，所形成领子的领座高为 2.5～3cm。领子不紧贴颈部。

③ 当提高尺寸为 7～12cm 时，所形成领子的领座高小于 2.5cm。领子远离颈部。

一般情况下，领座高设计为 3～4cm，所以后中心提高量常选择 4～6cm。

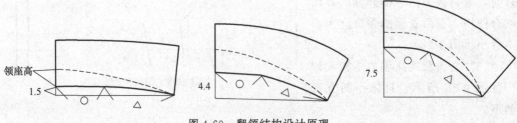

图 4-60　翻领结构设计原理

2. 翻领结构设计举例

（1）有领台的衬衣领　如图 4-61 所示，此领型为高领与翻领的组合，高领部分起翘量可取 1.5～2cm，翻领部分后中心提高尺寸可取 3～4cm。

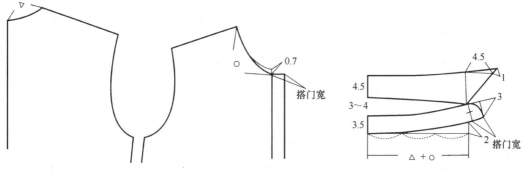

图 4-61　有领台的衬衣领

（2）似有领台的衬衣领　如图 4-62 所示，这种领型从外观上看，很像有领台，实际上是一片的翻折领。其设计介于翻领与立领之间，所以在设计时可有两种结构形式。这两种形式，一种是采用翻折领的设计方法，将后中心提高；一种是采取立领的设计方法，将前中心提高起翘。采取图 4-62①的形式，后中心提高尺寸一般取 1.5cm 左右，不能取得过大。如果取值过大，则造型就失去了似有领台的效果。如果采取图 4-62②的结构，前中心起翘量一般为 1～1.5cm，取值过大则领子很难翻折。从造型效果图分析，图 4-62②的领子较图 4-62①的领子贴近颈部。

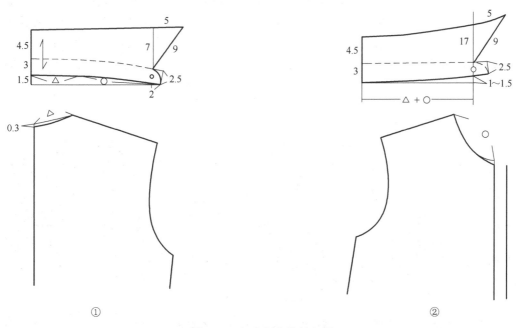

①　　　　　　　　　　　　　　　　　　②

图 4-62　似有领台的衬衣领

3. 平领结构设计方法

（1）平领结构设计原理　由于领座高小，所以在采用直角式制图时后领中心线的提高尺寸大，领下口弧线曲率较大，接近于衣身领窝。所以借助于前后衣身纸样设计领子，更加直观和准确。

（2）平领结构设计举例

① 海军领：如图 4-63 所示，首先将基本领窝按照所需款式领型设计成 V 字形，前后横开领开大 0.6cm，前领深挖至距胸围线 4cm 处。然后在衣片上设计领子，前后肩端点重叠量为 1/4 前小肩宽（约 3cm），完成海军领设计。

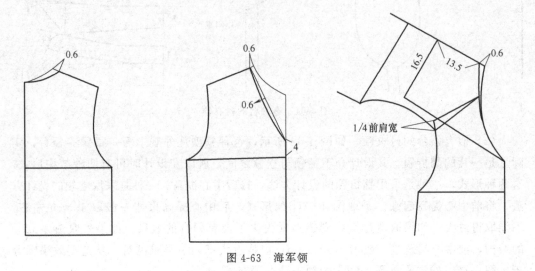

图 4-63　海军领

② 荷叶领：如图 4-64 所示首先将前后领窝进行修整，前领宽增加 1cm，领深增加 1.5cm，后领宽增加 1cm，领深挖大 0.5cm。在前后衣片上设计领子形状。由于此款领子、领外口线形成荷叶花边，所以前后肩端点无须再进行重叠。在基本领型上设计出波浪褶的位置和个数，进行切展，增加出波浪褶的褶量。用圆顺的曲线连接切展后的图形，完成纸样。

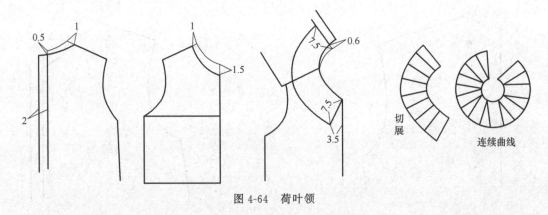

图 4-64　荷叶领

③ 双层波浪领：如图 4-65 所示，首先将基本领窝的前后领宽挖大 1.5cm，将后领深挖大 0.6cm，将前领深挖深 7.5cm。将前后衣片肩缝重合，设计出领子的基本形状。然后在基本形状上依照款式图设计波浪的个数和位置，设计出切展线的位置。最后按图 4-65 所示进行切展，连顺曲线，完成纸样。

④ 连衣帽：如图 4-66 所示，此类连衣帽是在海军领的基础上加以变化而成。可作为大衣、风衣的连衣帽。

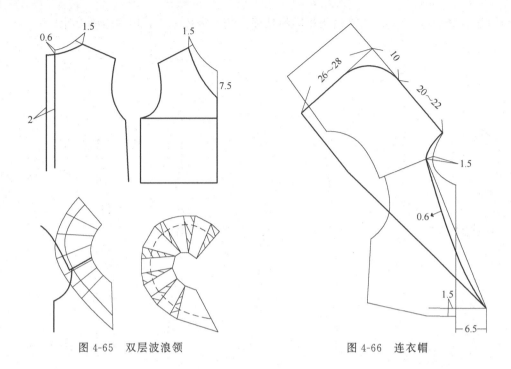

图 4-65 双层波浪领　　　　图 4-66 连衣帽

第五节
女上装袖型变化

一、一片袖设计

1. 一片合体袖的结构设计

(1) 一片合体袖的原型法基本型设计　应用原型袖片设计出一片合体袖。按照合体袖的结构造型要求，首先要选择足够的袖山高度，使衣袖与衣身保持贴体的造型状态。如图 4-67 所示，将原型袖的袖山高追加 2cm 的袖山缩容量，并修顺袖山曲线，此量可依据面料的性能进行调整。根据手臂的自然弯度，将原袖口线在袖口处向前移动 2cm，为合体袖的袖中线。以此点为界线，确定前后袖口宽，连接前后内缝辅助线，并在袖肘线处作出前后袖弯 1cm，完成前后内袖缝线。肘省量为前后袖内缝长度之差。完成一片合体袖结构设计。

(2) 一片合体袖比例分配法基本型设计　比例分配法设计一片袖时，首先要已知服装的胸围 B，袖长 SL，衣片袖窿围 AH，然后根据合体袖袖山计算出袖山高＝B/10＋(4～5cm)。袖山三角形中，$AB=AH/2$，$AC=AH/2+1cm$。袖肘线位置是从袖山顶点至袖肘线的距离，即袖长/2＋(3～4cm)。如图 4-68 所示，先作出直筒袖结构图（袖结构基本图形），再应用与原型法相同的处理方法，完成一片合体袖结构设计。

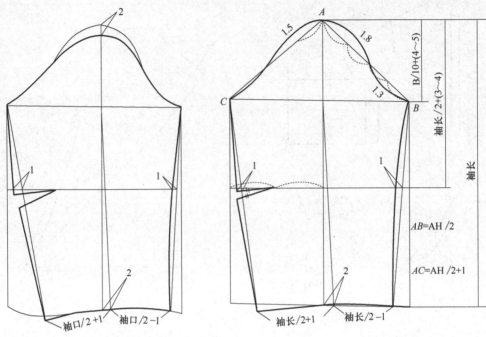

图 4-67　一片合体袖的原型法设计　　　　图 4-68　一片合体袖比例分配法设计

（3）一片合体袖变体设计　如图 4-69 所示，可将一片合体袖的肘省转移至袖口处。在袖口处选择 B 点，连接 AB，将肘省转移至 AB 线，形成袖口省，省尖距 A 点 5cm，连顺后袖缝线，完成结构图。

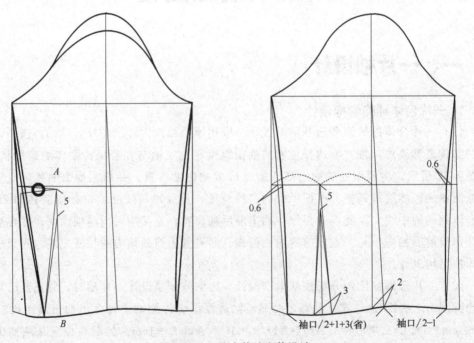

图 4-69　一片合体袖变体设计

2. 落肩袖

如图 4-70 所示为落肩袖款式，用原型法设计。首先将原型前后衣片肩宽加出 4cm，并按图 4-70 所示修改袖窿，然后将袖原型的袖山下落 4cm，重新画出前 AH 和后 AH，并连顺袖子曲线，完成结构图。

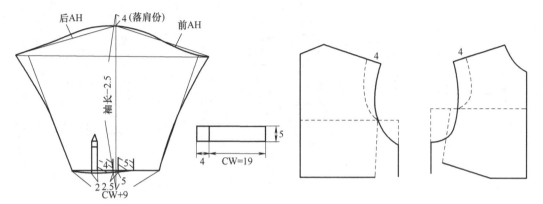

图 4-70　落肩袖原型法设计

3. 平袖灯笼式结构

如图 4-71 所示，平袖灯笼式结构的造型特征是袖口宽大，用袖头将其收口。此款式袖山仍保留原有的结构形式，将袖子原型分别以 A、B 两点为中心，向外侧转动，也可采用切展的方法，扩展袖口部位的缩褶量。此袖袖山没有变化。

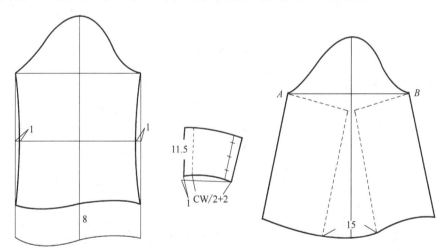

图 4-71　平袖灯笼式结构

4. 泡袖灯笼式结构

如图 4-72 所示为泡袖灯笼式结构，其造型方法与上例相似，由于袖山部分存在缩褶，故在袖山顶点展开 10cm 的缩褶量，形成泡袖袖山，造型飘逸柔美。

5. 灯笼袖切展法结构设计

如图 4-73 所示，应用切展法设计灯笼袖。将袖身按图示方法定出切展线的位置，根据所需量将纸样展开，袖山形成特殊的曲线，袖山高降低，袖宽增大，袖体宽松。

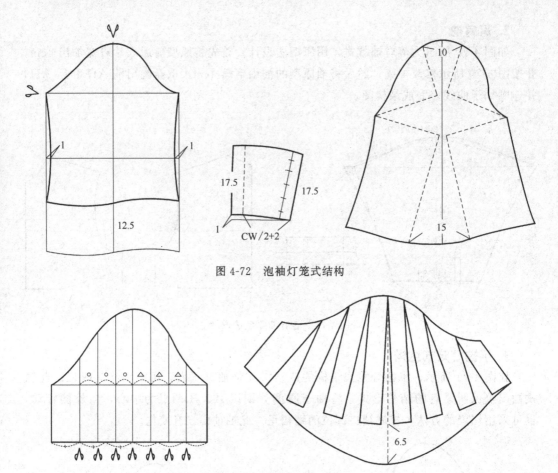

图 4-72　泡袖灯笼式结构

图 4-73　灯笼袖切展法设计

6. 大泡袖切展法结构设计

如图 4-74 所示,泡泡袖,袖山泡起量大,造型夸张。用转移法无法实现结构造型。应用切展法,可达到此设计效果。切展量越大,则袖山顶点的抬高量越大,袖山泡起量也就越大。应该注意的是,设计这类袖子时,必须将衣片的前后肩宽减小。袖泡量越大,则衣片前后肩宽应减小得越多。

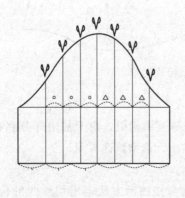

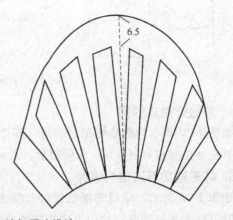

图 4-74　大泡袖切展法设计

7. 上泡下灯笼式结构袖

如图 4-75 所示为上泡下灯笼式结构袖。采用切展并拉开的方法进行结构设计。其结果与图 4-72 转动的方式有所不同。拉开后，袖山、袖宽和袖口增加同样的宽度，袖体肥大。切展开后，要将袖山线和袖口线按图示方法修顺。

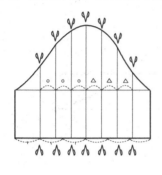
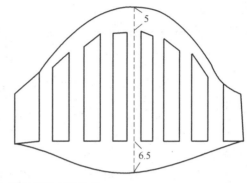

图 4-75　上泡下灯笼式结构袖

8. 袖口打结式结构

如图 4-76 所示为袖山设计缩褶，袖口以打结形式加以装饰。采用切展平移的方式对原型袖进行结构处理，并设计出打结部分的结构形状。

9. 变化式结构

如图 4-77 所示，这是结构独特的变化式袖型。首先在原型袖子上设计出弧形分割线的位置，然后将弧形分割线剪开，在袖山有缩褶的位置拉开所需褶量，完成结构造型。

10. 花瓣袖

如图 4-78、图 4-79 所示分别为二片式花瓣袖和一片式花瓣袖。二片式花瓣袖首先在袖原型上设计出泡袖褶量，然后在其上设计出 AB、CD 两花瓣袖型曲线，完成结构图。一片式结构，首先设计出花瓣曲线，然后剪开成两片，将袖缝线对接，进行切展，形成一片式花瓣袖。

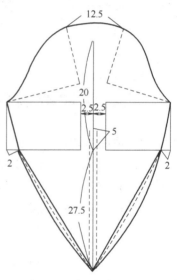

图 4-76　袖口打结式结构

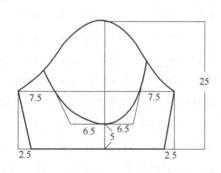
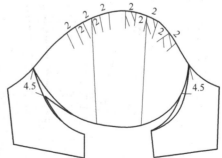

图 4-77　变化式结构

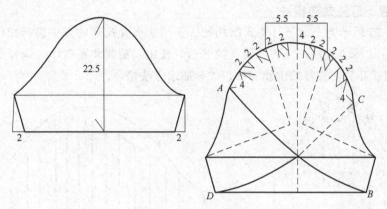

图 4-78　二片式花瓣袖

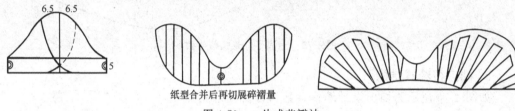

纸型合并后再切展碎褶量

图 4-79　一片式花瓣袖

二、两片袖设计

1．两片合体袖的形成

如果从平面到立体的造型原理上讲，分割线要比省缝更能达到理想的造型效果。因此，通过合体一片袖的肘省转移和袖内缝线合并，转化为两条分割线的结构处理，可产生比一片合体袖结构造型更加完美的两片合体袖。转化过程如下。

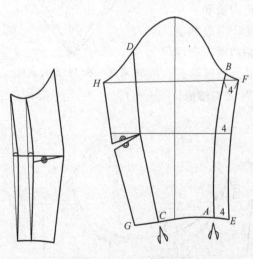

图 4-80　两片合体袖的形成

先设计出一片合体袖，在其上设计出大袖片和小袖片的两条公共线。这两条公共线的选择应符合手臂自然弯曲的形态，如图 4-80 中 AB、CD 线。将 AB、CD 线剪开，使肘省合并，并将原一片袖的袖内缝线 EF、GH 合并，产生有大袖和小袖之分的两片袖。大袖与小袖的组合，产生互补的关系，即用大袖大出来的部分弥补小袖不足的部分。分出大小袖的一个主要原因是，袖子的前部尽可能使结构线隐蔽，使前袖片的立体效果更加完整。一般情况下，大小袖的互补量越大，加工越困难，立体造型越好。相反，加工越容易，立体效果越差。应该指出的是,大小袖分割的位置可根据造型的不同而进行调整,而不是固定不变的。

2.原型法两片袖的结构设计

(1)做出袖原型的基本型　如图 4-81①所示,将袖原型如图所示合成一个圆筒状,将袖山高增加 2～3cm 的容量,作出袖子的弯曲造型。前袖缝线在袖口、袖肘处分别弯曲 0.5～1cm。取出袖口大小,一般情况下,按照 S、M、L 号区分,袖口分别为 11cm、12cm、13cm,若取 14cm 袖口,则是较男性化的设计。连接后袖缝线,并完成曲线造型。两片袖的基本型实质是两个大小袖片分割对等的状态。

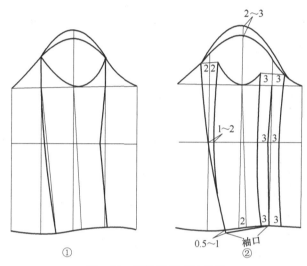

图 4-81　两片袖原型法设计

(2)完成大小袖片　如图 4-81②所示,将前袖缝线大袖大出 3cm,小袖收进 3cm,这种分割方式是最常规的两片袖分割方法。后袖缝线大小袖的分配量,是在落山线部位的一半。连顺曲线,完成两片袖的造型。

3.比例分配法两片合体袖的结构设计

根据袖山的结构设计原理,两片合体袖可设计成 α 角为 42°～45°,或采用袖山高＝B/10＋(5～6cm),如图 4-82 所示,$AB＝AH/2＋(0.4～0.6cm)$。前袖山高 $BE＝1/4$ 袖山高,后袖山高 $DF＝1/3$ 袖山高,C 点为袖中点。袖山弧线的设计如图 4-82 所示。袖肘线距袖山顶点为袖长/2＋3.5cm。前袖缝线在袖肘线处凹进 1.3cm,作出手臂自然弯曲形态。前偏袖为 3cm。为符合手臂向前弯曲的需要,袖口处作成斜线形。

三、插肩袖设计

1.插肩袖的结构设计原理

从人体工程学可知,人体手臂最大的活动范围在 180°以内。而日常生活中,手臂的活动范围主要在 90°以内。当人手叉腰时,袖山线大约在 45°角的斜度(图 4-83)。根据这个原理,在设计插肩袖时,袖山线与水平线大都以 45°为依据(图 4-84)。

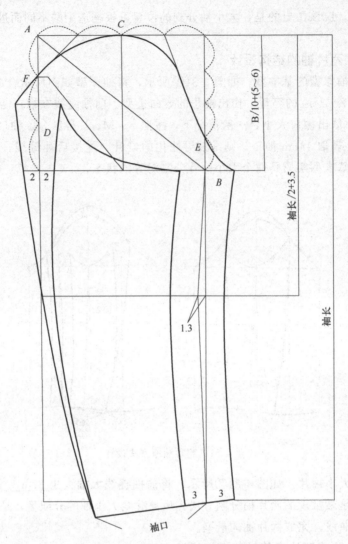

图 4-82　比例分配法两片合体袖设计

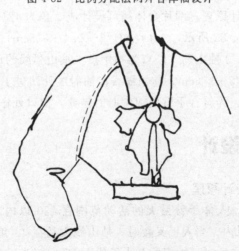

图 4-83　手叉腰时袖山线的斜度

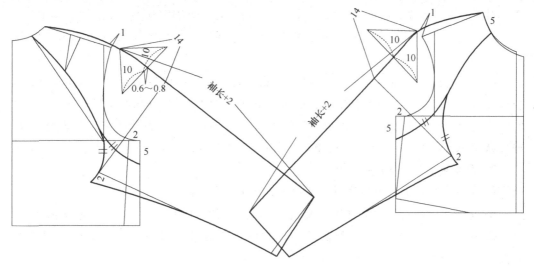

图 4-84　插肩袖结构设计原理

如图 4-85 所示，由于手臂与水平线呈 45°时，肩臂处出现了一定的厚度。这就要求在做插肩袖的结构设计时，要对基本纸样的肩端点进行调整。将基本纸样的肩端点上抬 1cm，再延长 2cm 左右。

根据所设计的服装品种的不同，可用图 4-86 所示方法来设计肩斜线，其中有关数据如下。

（1）a 值的设计　a 值一般情况下取 2cm 左右。当袖山线倾斜角度较小时（小于 45°），可取值较小，取 0～2cm；当袖山线倾斜角度较大时（大于 45°），可取值较大，取 2.5～3.5cm，如大衣类。

（2）前后倾斜度 CC' 的设计　首先从抬高后的肩点沿肩斜线测量 13cm，然后取垂直距离 C 和

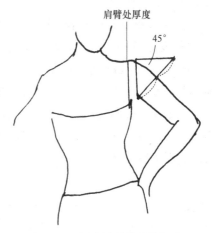

图 4-85　插肩袖结构设计调整

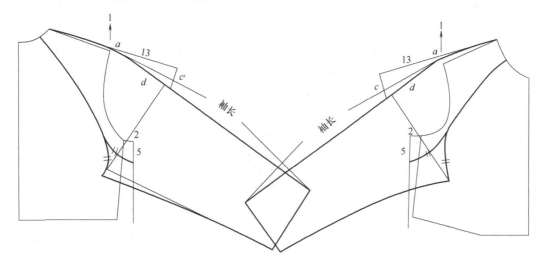

图 4-86　插肩袖肩斜线的设计

C'。对于一般外衣类，C 取 5~6.5cm，C' 取 4~5cm；对于宽松型外衣，如夹克衫，C 取 6 ~ 7.5cm，C' 取 5 ~ 5.5cm；对于大衣类服装，C 取 6.5 ~ 8.5cm，C' 取 5.5~6.5cm。

（3）插肩袖袖山高 d 的设计 应该注意的是，插肩袖前后袖山高必须取值相同。在设计袖山高时，也与一般上袖有所不同。袖山高的设计受袖窿深的牵制。袖窿深较大时，为避免形成袖肥过大，所以选择的袖山高也相应增大。一般情况下，套装类外衣，袖山高 d 取 13~14cm；宽松夹克类，d 取 13.5~15cm；大衣类外衣，d 取 15~17cm。

2. 插肩袖的基本制图

如图 4-87 所示，运用原型设计插肩袖，具体作图步骤如下。

① 首先将前后衣片的袖窿深开大 5cm，胸围也各向外加放 2cm，修顺袖窿曲线。

② 将原型衣片的肩端点抬高 1cm，与侧颈点相连，并延长 2cm，以补足肩部容量。

③ 完成 45°夹角，得到袖山线，在袖山线上取袖山高 14cm。袖山高由原型纸样的肩端点开始测量。

④ 在衣身上设计出插肩袖弧线的形状。此线可根据款式变化任意设计。

⑤ 设计出插肩袖的袖宽，如图所示，使两段弧线的长度相等。

⑥ 由原型纸样的肩端点测量出袖长，并且设计出前袖口大＝袖口尺寸－1cm，后袖口大＝袖口尺寸＋1cm，完成插肩袖结构设计。

应该注意的问题：①无论插肩袖结构造型线怎样变化，结构设计的基本方法和步骤不变；②前后袖片的袖山高要保持一致；③插肩袖衣片袖窿弧线的长度要与袖子袖山弧线的长度保持一致。

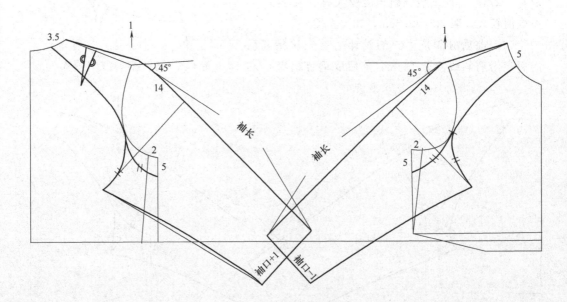

图 4-87 插肩袖的基本制图

第六节
女西装制图与工艺流程

一、女西装制图步骤

1.款式结构
贴身造型，西服领，四开身，八片式，袖子二片式，长袖，衣长在臀围线上。

2.面料与辅料
（1）面料　无弹力普通机织面料。
（2）里料　丝光布。
（3）衬料　无纺衬0.5m，有纺衬1m。
（4）纽扣　直径2.2cm×2粒，直径1.6cm×6粒。

3.制板缩放表（表4-2）

表4-2　制板缩放表

部位	公制单位/cm				英制单位/in			
	体型	加放数	成品	档差	体型	加放数	成品	档差
身高	163（不含鞋）			5	64（不含鞋）			2.5
胸围	86（含文胸）	+5	91	4	31（含文胸）	+2	36	2
腰围	65	+10	75	4	25.5	+4	29	2
摆围	90		94	4	35.5		37	2
肩宽	39	+1	40	1	15.25	+0.5	15.25	0.5
衣长	颈臀60		60	1.5	颈臀23.5		23.5	0.75
袖长	臂长53	+6	59	1.5	臂长20.75	+2.25	23	0.75
袖窿弧长	臂根围38	+8	46	2	臂根围15	+3	18	1
袖口围	掌围21	+2	23	1	掌围8	+1	9	0.5

4.公司制单尺寸参考（表4-3）

表4-3　公司制单尺寸参考

部位	公制单位/cm				英制单位/in			
	S	M	L	档差	S	M	L	档差
胸围	87	91	95	4	34	36	38	2

续表

部位	公制单位/cm				英制单位/in			
	S	M	L	档差	S	M	L	档差
腰围	71	75	79	4	27.5	29.5	31.5	2
摆围	90	94	98	4	34.5	36.5	38.5	2
肩宽	39	40	41	1	15.5	15.75	16.25	0.5
衣长	59	60	61	1	23	23.5	24	0.5
袖长	58	59	60	1	22.5	23	23.5	0.5
袖隆弧长	45	46	47	1	17.5	18	18.5	0.5
袖口围	22.5	23	23.5	0.5	8.75	9	9.25	0.25

5. 制图规格和制图公式、制图（图4-88、图4-89）

（1）选择号型　160/84A。

（2）制图规格

部位	衣长	胸围	腰节	肩宽	领围	袖长	袖口	腰围	翻领	领座
规格/cm	66	96	40	40	38	54	14	78	3.6	2.6

（3）制图公式

① 衣长：66cm。

② 袖隆深线：B/5＋4＝23.2cm。

③ 腰节线：号/4＝40cm（实测）。

④ 前领宽：N/5－0.5＝7.1cm。

⑤ 前领深：N/5＋0.5＝8.1cm。

⑥ 后领宽：N/5－0.5＝7.1cm。

⑦ 后领深：2.3cm。

⑧ 前胸宽：B/6＋1＝17cm。

⑨ 后背宽：B/6＋1.5＝17.5cm。

⑩ 前后身宽：B/4＝24cm。

⑪ 前后肩宽：S/2＝20cm。

⑫ 袋口宽：B/10＋5＝14.6cm。

⑬ 袖山深：AH/3＝15cm。

⑭ 袖肥：AH/2＝22.5cm。

⑮ 辅助点：B/20－1＝3.8cm。

（4）制图

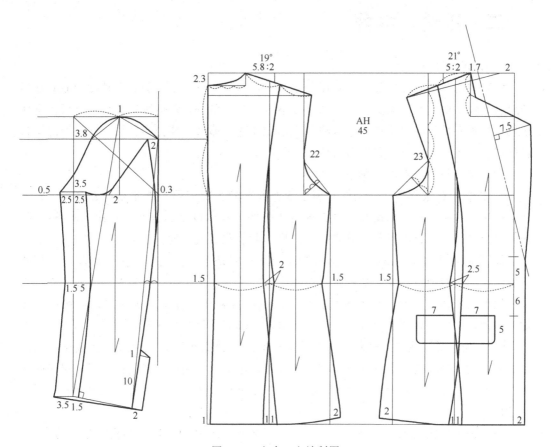

图 4-88 衣身、衣袖制图

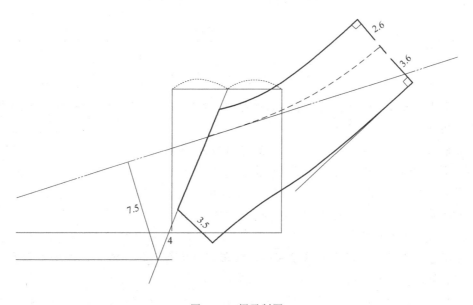

图 4-89 领子制图

二、排料、裁剪

1. 裁剪方案的制定

（1）制定裁剪方案的意义　在服装生产中，面料实行成批裁剪。而每批产品的数量和规格是经常变化的。假如，产品的数量不多，规格单一，裁剪则比较容易进行。举例来说，如果一批衬衣只生产一个规格，定额 200 件，那么只要把面料按一件衬衣的用料长度铺 200 层，然后进行裁剪就可以了。

（2）制定裁剪方案的原则

① 符合生产条件：生产条件是制定裁剪方案的主要依据。因此制定方案时，首先要了解生产这种服装产品所具备的各种生产条件，其中包括面料性能、裁剪设备情况、加工能力等。根据这些条件，确定铺料的最多层数和最大长度。

② 提高生产效率：提高生产效率就是要尽可能地节约人力、物力、时间。根据这一原则，制定裁剪方案时，应在生产条件许可范围内，尽量减少重复劳动，充分发挥人员和设备的能力。例如，减少床数就可以减少排料画样及裁剪的工作量，加快生产进度，从而提高生产效率。因此，制定方案时，一般应尽量减少床数。

③ 节约面料：裁剪方式对面料的消耗有影响。根据经验，几件进行套裁比只裁一件的面料利用率要高。因此，制定裁剪方案时，应考虑在条件许可的前提下尽量使每床多排几件，这样便能有效地节省面料，尤其对于批量大的产品，套裁更能显示其省料的优越性。

（3）裁剪方案的制定　在生产中，制定每批产品的裁剪方案，实际上就是上述三个原则的灵活运用。

例：某批服装生产任务如表 4-4 所示，试确定裁剪方案。

表 4-4　生产任务

规格	小号	中号	大号
件数	200	300	200

要完成这批裁剪任务，如果单从数字考虑，可以有许多种方案。例如下面所列的四种方法均可。

方案①：（1/小）×200，（1/中）×300，（1/大）×200
方案②：（1/小＋1/大）×200，（1/中）×300
方案③：（1/小＋1/大）×200，（2/中）×150
方案④：（1/小＋1/中＋1/大）×200，（1/中）×100
这四种方案各有特点。

方案①：铺料长度短，占用裁床小，铺布较易进行。每个规格一次即可裁完，排料、裁剪都没有重复劳动。因此这个方案效率较高。

方案②：是把方案①中的一床、三床合并为一床，减少了床数，进一步提高了效率。同时由于大小规格套裁，有利于节约面料。但增加了铺料长度，需要占用较大的裁床。

方案③：是把方案②的中号单件裁剪改为两件套裁，更能充分节约面料。同时减少了铺布层数，有利于裁剪。但中号需要增加排料和裁剪的工作量，工作效率有所降低。

方案④：为大、中、小号三件套裁，进一步提高了面料的利用率。但由于铺布长度较长，因此占用裁床多，操作也较困难。中号同样要经过两次裁剪，增加了重复劳动，效率较低。

从以上例子可以看出，制定裁剪方案首先要根据生产条件确定裁剪的限制条件，然后在条件许可的范围内，本着提高效率、节约用料、有利于生产的原则，根据生产任务的要求把不同规格的生产批量进行组合搭配。一般情况下，计划部门下达的生产任务，各规格之间生产批量都成一定比例，有一定规律，只要分析各规格数字之间的特点，便可以找出适当的搭配关系。在有不同的搭配方案情况下，通过分析比较，选择最理想的方案，即可完成裁剪方案的制定工作。

2. 排料画样

（1）排料画样的意义　排料和画样是进行铺料和裁剪的前提。不进行排料就不知道用料的准确长度，铺料就无法进行。不进行画样，裁剪没有依据，会造成很大浪费。因此，排料画样是裁剪工程中必不可少的一项工作。排料画样不仅为铺料裁剪提供依据，使这些工作能够顺利进行，而且对面料的消耗、裁剪的难易、服装的质量都有直接的影响，是一项技术很强的工艺操作。

（2）排料工艺

① 面料的正反面与衣片的对称：大多数服装面料是分正反面的，而服装制作的要求一般是使面料的正面作为服装的表面。同时，服装上许多衣片具有对称性，例如上衣的衣袖、裤子的前片和后片等，都是左右对称的两片。因此，排料时就要注意既要保证面料正反一致，又要保证衣片的对称，避免出现"一顺"现象。

② 面料的方向性：服装面料是具有方向性的，表现在两个方面：其一表现为面料有经向与纬向之分，在服装制作中，面料的经向与纬向表现出不同的性能；其二表现为当从两个相反方向观看面料状态时，具有不同方向的特征和规律。

③ 面料的色差：由于印染过程中的技术问题，有些服装面料往往存在色差问题。例如，有的面料左右两边色泽不同，有的面料前后段色泽不同。前者称为边色差，后者称为段色差。

④ 对条格面料的处理：排料时除了按照服装制作工艺要求外，还要保证服装造型设计上的要求。这个原则主要表现在条格面料的排料中，即条格面料排料的对格问题。设计服装款式时，对于条格面料两片衣片相接时都有一定的设计要求。有的要求两片衣片相接后面料的条格连贯衔接，如同一片完整面料；有的要求两片衣片相接后条格对称；也有的要求两片衣片相接后条格相互成一定角度；等等。除了相互连接的衣片外，有的衣片本身也要求面料的条格图案成对称状。

⑤ 节约用料：服装的成本，很大程度上在于面料的用量多少，而决定面料用量多少的关键又是排料方法。同样一套样板，由于排放的形式不同，所占的面积大小就会不同，也就是用料多少不同。根据经验，以下一些方法对提高面料利用率、节约用料是行

之有效的：先大后小、紧密套排、缺口合拼、大小搭配。

（3）画样 排料的结果要通过画样绘制出裁剪图，以此作为裁剪工序的依据。画样的方式，在实际生产中有以下几种。

① 纸皮画样：排料在一张与面料幅宽相同的薄纸上进行，排好后用铅笔将每个样板的形状画在各自排定的部位，便得到一张排料图。

② 面料画样：将样板直接在面料上进行排料，排好后用画笔将样板形状画在面料上，铺布时将这块面料铺在最上层，按面料上画出的样板轮廓线进行裁剪。

③ 漏板画样：排料在一张与面料幅宽相同的厚纸上进行。排好后先用铅笔画出排料图，然后用针沿画出的轮廓线扎出密布的小孔，便得到一张由小孔组成的排料图，此排料图称为漏板。

④ 电子计算机画样：将样板形状输入电子计算机，利用电子计算机进行排料，排好后可由计算机控制的绘图机把结果自动绘制成排料图。

3. 铺料

（1）铺料的工艺技术要求

① 布面平整：铺料时，必须使每层面料都十分平整，布面不能有褶皱、波纹、歪扭等情况。如果面料铺不平整，裁剪出的衣片与样板就会有较大误差，这势必会给缝制造成困难，而且还会影响服装的设计效果。

② 布边对齐：铺料时，要使每层面料的布边都上下垂直对齐，不能有参差错落的情况。如果布边不齐，裁剪时会使靠边的衣片不完整，造成裁剪废品。

③ 减小张力：要把成匹面料铺开，同时还要使表面平整，布边对齐，必然要对面料施加一定的作用力而使面料产生一定张力。

④ 方向一致：对于具有方向性的面料，铺料时应使各层面料保持同一方向。

⑤ 对正条格：对于具有条格的面料，为了达到服装缝制时对条格的要求，铺料时应使每层面料的条格上下对正。

⑥ 铺料长度要准确：铺料的长度要以画样为依据，原则上应与排料图的长度一致。铺料长度不够，将造成裁剪部件不完整，给生产造成严重后果。

（2）铺料方法

① 识别布面：铺料前，首先应识别布面，包括区分正面和确定倒顺。只有正确地掌握面料的正反面和方向性，才能按工艺要求正确地进行铺料。

② 铺料方式：生产铺料的方式主要有两种，一种为单向铺料，另一种为双向铺料。

a. 单向铺料：这种铺料方式是将各层面料的正面全部朝向一个方向（通常多为朝上），用这种方式铺料，面料只能沿一个方向展开，每层之间面料要剪开，因此工作效率较低。这种方式的特点是各层面料的方向一致。

b. 双向铺料：这种铺料方式是将面料一正一反交替展开，形成各层之间面与面相对，里与里相对。用这种方式铺料，面料可以沿两个方向连续展开，每层之间也不必剪开，因此工作效率比单向铺料高。这种方式的特点是各层面料的方向是相反的。

③ 布匹衔接：铺料过程中，每匹布铺到末端时不可能都正好铺完一层。为了充分利用原料，铺料时布匹之间需要在一层之中进行衔接。在什么部位衔接，衔接长度应为

多少，这需要在铺料之前加以确定。

（3）铺料设备　目前，大多数服装厂是靠人工铺料。人工铺料适应性强，无论何种面料，无论铺料长短，也无论用何种方式进行铺料，人工铺料都可以很好地完成。但是劳动强度大，不适应现代化生产的要求。服装生产中已经开始使用自动铺料机进行铺料作业。这种设备可以自动把面料展开，自动把布边对齐，自动控制面料的张力大小，自动剪断面料，基本代替了手工操作，使铺料实现了机械化、自动化。

4. 裁剪

（1）裁剪加工的方式及设备

① 电剪裁剪：这是目前服装生产中最为普遍的一种裁剪方式。首先要经过铺料，把面料以若干层整齐地铺在裁剪台（裁床）上，裁剪时，手推电动裁剪机使之在裁床上沿画样工序标的线迹运行，利用高速运动的裁刀将面料裁断。

② 台式裁剪：这种裁剪方式使用的设备是台式裁剪机。台式裁剪机是将宽度 1cm 左右的带状裁刀安装在一个裁剪台上，由电动机带动作连续循环运动。裁剪时，将铺好的面料靠近运动的带状裁刀，推动面料按要求的形状通过裁刀，面料便被切割成所需要的衣片。这种裁剪方式类似木材加工中用的电锯。使用这种裁剪方式，由于裁刀宽度较小，并且裁刀是连续不断地对面料进行切割，因此裁剪精确度较高，特别适于裁剪小片、凹凸比较多、形状复杂的衣片。但是由于设备较大，不具有电动裁剪机轻便灵活的特点，因此适用范围小。通常这种裁剪方式是与第一种裁剪方式配合使用的。

③ 冲压裁剪：在机械加工中可利用冲床将金属材料冲压加工成需要的各种形状。将这种加工方式运用到服装裁剪中，便是冲压裁剪。采用这种裁剪方式，首先要按样板形状制成各种切割模具，将模具安装在冲压机上，利用冲压机产生的巨大压力，将面料按模具形状切割成所需要的衣片。

④ 非机械裁剪：以上几种裁剪方式均属于机械裁剪，是利用金属刀具对面料进行切割的。随着科学技术的发展，一些新技术也开始应用于服装生产，出现了一些新的裁剪方式。这种裁剪方式改变了传统的机械切割方式，是利用光、电、水等其他能量对面料进行切割，称为非机械裁剪。

⑤ 钻孔机：裁剪过程中，为了便于缝制，需要把某些衣片相互组合的位置，如衬衣口袋与衣身前片的组合位置，作出准确的标记，一般采取打定位孔的方式。打定位孔使用的设备是电动钻孔机。利用钻孔机对面料打孔时，由于钻头高速旋转，温度高，作用剧烈，因此要注意面料的性能。耐热性差的面料、针织面料一般不宜使用电钻打孔。

（2）裁剪的工艺要求

① 裁剪精度：服装工业裁剪最主要的工艺要求是裁剪精度要高。所谓裁剪精度，一是指裁出的衣片与样板之间的误差大小；二是指各层衣片之间误差的大小。为保证衣片与样板一致，必须严格按照裁剪图上画出轮廓线进行裁剪，使裁刀正确画线。要做到这一点，一要有高度的责任心，二要熟练掌握裁剪工具的使用方法，三要掌握正确的操作技术。

正确掌握操作技术规程应注意以下几点。

a. 应先裁较小衣片，后裁较大衣片。如果先裁完大片再裁小片，就不容易把握面料，给裁剪带来困难，造成裁剪不准。

b. 裁剪到拐角处，应从两个方向分别进刀而不应直接拐角，这样才能保证拐角处的精确度。

c. 左手压扶面料，用力要柔，不要用力过大过死，更不要向四周用力，以免使面料各层之间产生错动，造成衣片之间的误差。

d. 裁剪时要保持裁刀的垂直，否则将造成各层衣片间的误差。

e. 要保持裁刀始终锋利和清洁，否则裁片边缘会起毛，影响精确度。

② 裁刀的温度对裁剪质量的影响：服装裁剪中另一个重要问题是裁刀的温度与裁剪质量的关系问题。由于机械裁剪使用的是高速电剪，而且是多层面料一起裁剪，裁刀与面料之间因剧烈摩擦而产生大量热量使裁刀温度很高，对有些在高温下会变质或熔融的面料来说，所裁衣片的边缘会出现变色、发焦、粘连等现象，严重影响裁剪质量。裁剪黏合衬时，裁刀的高温也会使黏合剂熔化，粘到裁刀上使刀与布发生粘连，影响裁剪的顺利进行。因此裁剪时，控制裁刀的温度是非常重要的。对于耐热性能差的面料，应使用速度较低的裁剪设备，同时适当减少铺布层数，或者间断地进行操作，使裁刀上的热量能够散发，不致使温度升得过高。

（3）机械裁剪的原理

① 刀角与裁剪角：裁刀刀刃两侧所夹的角称为刀角（图4-90）。刀角的大小影响刀的锋利程度。刀角越小，刀越锋利，面料被切割得越洁净，裁剪质量就越好。但是，刀角过小，会使刀刃的强度减弱，容易发生弯曲、磨损、断裂等现象，从而缩短裁刀的使用寿命，影响裁剪的顺利进行。因此，裁剪刀具应选择合适的刀角，一般在15°～20°比较合理。

② 压力裁剪原理：压力裁剪是一种最简单的切割方式，它除了用于冲压裁剪外，在许多缝纫机械中也有应用，如包缝机、平缝机的切边机构，锁扣眼机、开口袋机的开口机构等。如图4-91所示，在冲压裁剪中，裁刀的运动方向垂直于面料，刀刃平行于面料，裁剪力的方向与裁刀的运动方向相同，因此裁剪角等于刀角。

③ 直刃电动裁剪机裁剪原理：用直刃电动裁剪机进行裁剪，是服装生产中常用的裁剪方式，它是由裁刀的垂直运动与水平运动组合而实现的。这种裁剪方式中，裁剪角小于裁刀本身的刀角，是比较理想的裁剪方式。

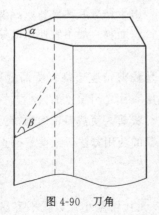

图4-90　刀角

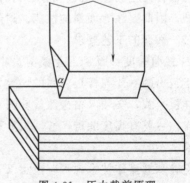

图4-91　压力裁剪原理

5. 验片、打号、包扎

（1）验片　是对裁剪质量的检查，目的是将不合质量要求的衣片查出，避免残疵衣片投入缝制工序，影响生产的顺利进行和产品质量发生问题。

验片的内容与方法如下。

① 裁片与样板相比，检查各裁片是否与样板的尺寸、形状一致。

② 上下层裁片相比，检查各层裁片误差是否超过规定标准。

③ 检查刀口、定位孔位置是否准确、清楚，有无漏剪。

④ 检查对格对条是否准确。

⑤ 检查裁片边际是否光滑圆顺。

（2）打号　是把裁好的衣片按铺料的层次由第一层至最后一层打上顺序数码。在裁片上打顺序号，目的是避免在服装上出现色差。因为面料在印染时很难保证各匹之间的颜色完全一致，有的甚至同一匹的前后段颜色也会有差别。如果用不同匹的裁片组成一件服装，各部位很可能会出现色差。裁片上打了顺序号后，缝制过程中必须用同一号码的个裁片组成一件服装，这样各裁片就出自同一层面料，基本可以避免色差。打号还可避免半成品在生产过程中发生混乱，发现问题便于查对。

（3）包扎　为了便于缝制工程顺利进行，裁剪后要将裁片进行包扎。在服装生产中每批产品裁剪后都会产生几千片、几万片大小裁片，因此必须把这些裁片根据生产的需要合理地分组，然后捆扎好，输送到缝制车间，否则就会出现混乱，使生产不能顺利进行。

6. 电子计算机在裁剪工程中的应用

（1）利用电子计算机排料画样　排料画样是裁剪工程中的重要工序，长期以来靠操作人员的经验来寻求最优的排料方案，并且是在完全手工操作下进行的，因此劳动强度大，工作效率低。

① 样板形状输入：首先要将所需要裁剪的全部样板的形状输入给计算机。输入方式有两种，即数字化仪输入方式和图形数据文件输入方式。

② 人机交互进行排料操作：应用计算机，操作者可以脱离裁床，坐在计算机前利用键盘或光笔在屏幕上进行排料，这样就彻底改变了原来长时间站立、行走、弯腰的劳动方式，大大减轻了劳动强度。

③ 绘制排料图：人机交互排料操作完成后，计算机可以控制绘图机将排料结果很快绘出1∶1的排料图，此图便可以作裁剪时的依据。因此计算机完全代替了手工画样工作。同时计算机还可以将结果打印成文件，作为技术资料，并把结果在计算机内储存。

（2）自动裁剪　是在电子计算机排料画样的基础上实现的。自动裁剪机有机械裁剪、激光裁剪和喷水裁剪等种类。现在采用较多的是机械裁剪机，也就是利用裁刀进行裁剪。

三、制作流程

女装一般由衣片和零部件组合而成，常见的女装零部件有前身、后身、里身、领子、袖子等。对各类零部件的缝制工艺和质量要求分述如下。

1．前身缝制工艺

（1）前身部件缝制　前身部件缝制的相关裁片有前衣片、侧身、大身衬等。

① 压烫大身衬：将黏合衬裁片置于前衣片面料的反面，位置适当，然后利用黏合机完成。操作时要根据面料与黏合衬的特性，将黏合机的温度和压烫时间调节适当。

② 定驳口线与袋位：利用样板，将驳口线位置在前衣片反面标明，然后在前衣片正面标明侧袋的位置，操作时，左右位置要保持平衡、均匀。

③ 缝合前片与前片马面：将前片与前片马面正面相对，以 1cm 缝份进行缉缝。缉缝时，剪口位要对齐，避免上下层裁片出现长短不齐现象。

④ 劈烫前片与前片马面：用熨斗劈烫，保持平服状态。熨烫时，腰节处要向外拉，使衣片丝缕顺直。

⑤ 合侧身摆缝：将前衣片与侧身正面相对，并对齐腰节线剪口位，以 1cm 止口进行缉缝。缉缝时，剪口位要对齐，避免上下层裁片出现长短不齐现象。

⑥ 劈烫侧身摆缝：用熨斗将止口劈烫，保持平服状态。熨烫时，腰节处要向外拉，使衣片丝缕顺直。

⑦ 敷袖窿及肩牵条：在前肩及袖窿止口位压烫牵条，压烫时，应将牵条拉紧，敷牵条主要是保证衣片不变形，以确保女装的质量。此工序也可以缝牵条的形式处理，但止口要小于衣片缉缝止口。

（2）侧口袋缝制　侧口袋缝制的相关裁片除了前身半成品外，还有袋盖面（面料）、袋盖里（里料）、嵌条、袋贴、袋布及袋盖衬与嵌条衬等。

① 做侧口袋袋盖：将袋盖衬与嵌条均匀摆放在裁片反面，用熨斗进行压烫，使之平服，不易松脱。在缉袋盖时，先用样板在袋盖的反面画好正确的形状与大小，然后，袋盖里在下，袋盖面在上并对齐，沿着袋盖实线缉缝，头尾回针，缉缝时，要拉紧下层袋盖里，给袋盖面留有一定的放松量，以保证袋盖不外翘。最后，修剪止口，翻烫袋盖，使之保持平服状态。

② 在袋布上缉袋贴边：将袋贴边与小袋布正面相对，在驳口处以 1cm 止口缝合，然后翻起袋贴边，在小袋布驳口边缉一行明边线，头尾回针。

③ 缉袋嵌线：将袋嵌条与前衣片正面相对，对齐袋口线，用 0.3cm 的止口，缉袋口线。缉缝时，头尾回针，上下缝线要平行，间距为 0.8cm。

④ 剪袋口，翻烫袋嵌线：在上下袋口线中间，将袋口剪开，两端剪三角位。然后，将止口劈烫，并熨烫袋嵌线，使之均匀、服帖。袋嵌线宽度为 0.5cm，且上下宽窄平均。

⑤ 缝袋嵌线止口：先将大袋布与嵌条下线正面相对缉缝，然后用暗线将嵌条下线止口固定。再将袋盖插入袋口，对好袋盖位置，小袋布（连袋贴）垫底，用暗线将嵌线

上线止口及两边三角位固定。操作时，要控制好上下嵌线宽窄的均匀度以及袋盖尺寸。

⑥ 封袋布底边：将底边掀起，以 1cm 止口缝合袋布。缉缝时，止口要均匀，头尾回针。

（3）熨烫前半身成品　将前身半成品熨烫一次，如手巾袋、侧口袋以及摆缝等。熨烫时可用水布（烫布）垫在前衣片上，以免发生烫煳现象。

（4）检验　检查前身半成品的质量。如手巾袋是否平服，有无毛边现象，侧口袋是否左右对称，袋嵌线宽窄是否均匀，熨烫质量如何等。

2. 女装后身的缝制

后身缝制，需要后衣片、牵条、垫肩等零部件。其缝制步骤与工艺要点如下。

（1）敷后袖窿牵条　将牵条用熨斗压烫零部件黏合在后袖窿止口的反面，压烫时，注意将牵条稍微拉紧一些，使袖窿保持平服状态。

（2）合背缝　将左右后衣片正面相对，用 1cm 止口将后背缝合。缉缝时，止口要均匀，头尾回针，并对齐腰节位剪口，以防止出现长短不齐现象。

（3）劈烫背缝　利用熨斗将后背缝劈烫平服，并推烫背部，把吃势拔向两边，进一步将后背中心烫圆滑。

（4）合后片与后片马面　将后片与后片马面正面相对，以 1cm 缝份进行缉缝。缉缝时，剪口位要对齐，避免上下层裁片出现长短不齐现象。

（5）劈烫后片与后片马面　用熨斗劈烫，保持平服状态。熨烫时，腰节处要向外拉，使衣片丝缕顺直。

（6）合侧身摆缝　将前后身正面相对，对齐腰节位剪口，以 1cm 止口缝合。

（7）劈烫侧身摆缝　从底边摆缝处开始劈烫，在腰节处稍微拉拔，以保持平服状态。

（8）合肩缝　将前后身肩位正面相对，以 1cm 止口缉缝。缝合时，止口要保持均匀，头尾回针；后肩需缩容 0.5cm，以便后肩能产生窝势，使穿着合身。

（9）劈烫肩缝　将衣身反面朝上，从领口向肩端方向劈烫肩缝。

（10）压烫底边衬　衣身反面朝上，将底边衬置于止口位，把底边止口折起，压烫止口位，并保证底边圆顺。

（11）装垫肩　装垫肩时，首先分清垫肩的正反面，位置通常是前肩长、后肩短，一般是垫肩 1/2 处前移 1cm 为前肩，其余部分为后肩位置。制作时，先用手针将垫肩固定，也可将平缝机底线和面线张力同时调松，进行缉缝固定。

3. 女装里身缝制工艺

（1）前里身缝制　在缝制零部件之前，要准备以下各种裁片：前里身、侧身里、挂面及挂面衬等。

① 压烫挂面衬：将挂面反面朝上放在工作台上，然后将黏合衬铺在挂面的正确位置，用黏合机或熨斗将衬粘实。

② 画挂面止口：用挂面样板将门襟止口、翻领与驳口位等位置标明，确保门襟的圆顺形状以及正确的翻领位置。

③ 在前里身上缉挂面：将挂面与前身里正面相对，以 1cm 止口缉缝，底边处剩余

4cm 不缝合，以方便后道工序处理底边。缉缝时，要对齐剪口位，头尾回针，止口均匀。

④ 合侧身里摆缝：将前身里与侧身里正面相对，以 1cm 止口缉缝摆缝。缉缝时，要对齐腰节位剪口，止口均匀，头尾回针。

⑤ 熨烫前里身：用熨斗将前里身半成品的线迹熨烫平服。熨烫时，将止口烫倒为一边。不需要劈烫，以增强线迹的受力程度并满足翻里的外观效果。

（2）合并里身　在后里身与合并里身的缝制中，主要有以下工序。

① 合里身背缝：将两片后里身正面相对，对齐后背，以 1cm 止口缝合。缉缝时，腰节处剪口要对齐，且止口均匀、头尾回针。

② 熨烫里身背裥：用熨斗将里身背裥熨烫定型，并保持平服。

③ 合后片与后片马面：将后片与后片马面正面相对，以 1cm 缝份进行缉缝。缉缝时，剪口位要对齐，避免上下层裁片出现长短不齐现象。

④ 熨烫后片与后片马面：用熨斗倒烫，保持平服状态。熨烫时，腰节处要向外拉，使衣片丝缕顺直。

⑤ 合侧身里摆缝：将后里身与侧里身正面相对，对齐腰节位剪口，以 1cm 止口缉缝，缉缝时，止口要均匀，头尾回针。

⑥ 合里身肩缝：将里身前后肩线位置正面相对，以 1cm 止口缝合。缝合时，后肩需缩容 0.5cm，使之有一定窝势，以配合人的体型。

⑦ 熨烫里身：将里身肩缝、侧身摆缝等熨烫平服，止口无需劈烫，只需向一边烫倒，保持平服即可。

⑧ 中检：为了保证产品的质量，要做好生产中半成品的质量控制。应检查里身内袋的工艺质量、各类线迹的均匀度以及尺寸是否符合要求等。

4. 女装领子的缝制

（1）压烫领衬

① 压烫领面衬：将领面反面朝上，铺上领面衬，用熨斗粘实。

② 缝合翻领线：将翻领与底领正面相对，对齐剪口位，以 0.5cm 止口缝合翻领线。缉缝时，止口要均匀，头尾回针。

③ 劈烫翻领线：先在翻领线弯位止口处开若干剪口，使翻领更加平服，然后用熨斗劈烫止口。

④ 明线缉驳口：将领面正面朝上，在驳口两边，以边线形式各缉缝一行明线，以固定翻领线止口，确保翻领的效果。缉缝时，边线要保持均匀、平行，头尾回针。

⑤ 画领面止口：用样板将领边的止口与形状画清，以确保下道工序。

（2）画领底止口　用样板将领边的止口与形状画清，以确保下道工序。

（3）缝合领边线　将领子半成品正面朝上，领里边线搭齐领面边实线，然后，以人字线迹缝合领边。缉缝时，领边实线要对齐，且中位剪口要对准，以避免扭领现象。

（4）熨烫领子　将领边翻好熨烫，使领子保持平服状态。

（5）绱领与合并衣身　将面身、里身、领子等半成品缝合完毕并检查是否妥当，即进行以下工序。

① 夹镶衣领：将衣领放在面身与里身之间，以 1cm 止口缉缝，且头尾回针。缉缝前，要对准领嘴位置、肩位以及后中位剪口，保持止口均匀。

② 缝合门襟：将里身与面身正面相对，对齐门襟位置，然后沿着已标明的实线缝合。缝合时，要对齐驳口位剪口，上下层不能出现长短不齐现象，头尾回针，且注意左右门襟对称。

③ 修剪止口、翻烫门襟：为了使门襟翻烫平服，首先修剪多余止口，然后将衣身正面翻出，用熨斗将门襟熨烫平服。熨烫时，不要出现上、下层不齐现象。

④ 缝合底边：将面身与里身正面相对，对齐底边，以 1cm 止口缝合。缉缝时，要对齐面身与里身各对应的线迹，保持止口均匀，头尾回针。

⑤ 缭前摆底边：在里身与挂面缝合时，底边处剩余 3～4cm 不缝合，是为了方便缝合底边。最后，要用手针将其缭缝。

⑥ 中检：完成缭领与衣身合并工序后，要进行中检，主要检查领子、门襟及底边等质量。如领子外形，驳口位置是否准确，左右门襟是否对称以及熨烫效果等。如未达到要求，则必须返工。

5. 袖子的缝制

（1）面身袖缝制　女装一般为两片袖，缝制时用的裁片有大袖、小袖及袖口衬等。

① 压烫袖口衬：将大小袖反面朝上，使袖口衬置于袖口与袖衩位的正确位置，用熨斗粘实即可。

② 缉后袖缝：将大小袖正面相对，以 1cm 止口缉缝到袖衩位。缉缝时，要对齐剪口位，使大袖缩容 0.8cm，以增加后袖的容位。

③ 劈烫后袖缝：先在袖衩位的小袖处剪剪口，再劈烫止口。操作时，要一边归拔一边劈烫，袖子才能产生较强的立体感且外形美观，符合人的手臂弯曲度。

④ 做袖衩：先把大袖衩位以 45°角对面对折，对准剪口位缉缝，并将止口叠好，翻出正面，熨烫平服。再将小袖衩位沿着袖口线面对面对折，以 1cm 止口缝合，头尾回针。最后缝合袖衩边位。完成后，将袖衩翻好，熨烫平服。缝制时，剪口位置要准确对齐，保持止口均匀，以避免袖衩高低错位。

⑤ 缉前袖缝：将大小袖正面相对，对齐剪口位，以 1cm 止口缉缝前袖缝，头尾回针。

⑥ 容袖头：利用容袖头机，以 0.5cm 止口，将袖头缩容，使袖山大小与袖窿大小相等，且左右袖头要对称。

⑦ 熨烫面身袖：用袖烫板和熨斗劈烫袖缝，且在袖头处喷少量蒸汽，使容位分配均匀，保持袖头的圆顺。熨烫时，要使整个袖子平服。

（2）里身袖缝制　缝制里身袖的裁片主要有大袖里与小袖里。

① 缉里身袖缝：将大小里身袖正面相对，以 1cm 止口缉缝前后袖缝。缉缝时，要对齐相应的剪口位，保持止口均匀，头尾回针。

② 熨烫里身缝：将里身袖前后袖缝烫倒为一边。熨烫时，可采用袖烫板作辅助，使袖劈更加平服。

③ 容里身袖头：利用容袖头机，以 0.5cm 止口，将里身袖头缩容，且左右对称，

止口均匀。

④ 合袖口缝：将面身袖与里身袖正面相对，对齐袖口位，以 1cm 止口缝合。缉缝时，要对齐面身袖与里身袖的前后袖缝，且保持止口均匀。

⑤ 熨烫袖子：利用袖烫板，将袖口里身 1cm 容位熨烫定型，使整个袖子平服。

⑥ 中检：在绱袖之前，要检测袖山大小与袖窿大小是否相等，左右袖是否对称，袖衩位置高低等。

（3）绱袖工序　在绱袖工序中，除了准备好衣身半成品与袖子半成品外，每个袖要准备一块 4cm 宽的纵纹原身布条，亦称弹袖。绱袖工序如下。

① 绱面身袖：先将里身与面身反面相对，捋平袖窿位置，且对齐止口与相应的剪口位，以 0.5cm 止口缉缝袖窿，达到固定袖窿止口的作用，这样可以便于绱袖的操作。对齐剪口位，袖位前后要准确，袖头容位均匀，前后圆顺，左右一致，以 1cm 止口缉缝。

② 缉弹袖：为了使袖头更加圆顺、丰满，可将弹袖垫于面身袖的袖头反面，重合线迹缉缝。

③ 熨烫袖头：熨烫袖头时，用蒸汽使袖头充分定型后，用手将袖头捋圆顺。

④ 中检：主要检查左右袖是否对称，整体效果如何，袖弯势是否偏前或偏后，袖头是否圆顺、饱满。

⑤ 缲缝里身袖窿：从袖窿底位开始，将袖山 1cm 止口向反面翻入，盖住袖窿线迹，一边用手针缲缝，一边翻入袖山止口，直至完成整个袖窿的缲缝。操作时，要对齐剪口位，以避免出现扭袖现象。

第五章
时尚女装款式设计图解

第一节
普通女衬衫制图

一、款式特征描述

① 一片袖。

② 衬衫领。

③ 前片腰省＋腋下省，后片两个腰省。

④ 胸围加放 8cm 放松量。

⑤ 合体结构。

二、制图规格

（1）选择号型　160/84A。

（2）成品规格

部位	衣长	腰节长	胸围	肩宽	袖长	袖口宽	领围
规格/cm	65	40	92	38	55	12.5	40

三、制图过程

（一）衣身制图

① 绘制基础线、上平线、下平线：宽为 B/2，长为 L。

② 前领口辅助线：前领宽为 N/5－1cm，前领深为 N/5＋1cm。

③ 后领口辅助线：后领宽为 N/5－1cm，后领深为 2.5cm。

④ 前肩斜线：距离前中心线 S/2 找前肩点，从前肩点下落 5cm，连接 5cm 点与前领宽点。

⑤ 后肩斜线：距离后中心线 S/2＋0.5cm 找后肩点，从后肩点下落 3cm，连接 3cm 点与后领宽点（图 5-1）。

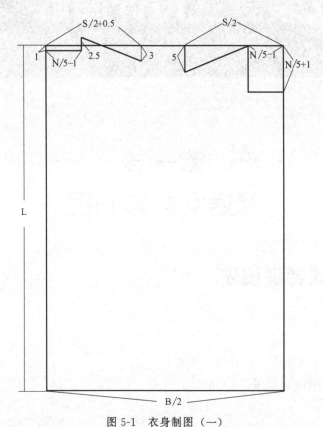

图 5-1 衣身制图（一）

⑥ 前胸宽：B/5－1.5cm。

⑦ 后背宽：B/5－1cm。

⑧ 前后袖窿深：B/5＋1cm。

⑨ 前后片分割线：前胸宽为 B/4＋1cm，后背宽为 B/4－1cm。

⑩ 前腰节线：距离上平线为腰节长尺寸。

⑪ 后腰节线：前腰节线抬高 2.5cm（图 5-2）。

⑫ 前腰省位置：前胸宽中点向侧缝线偏离 1cm，垂直胸围线，腰节线下 12cm。

⑬ 后腰省位置：过后腰节线中点，垂直胸围线，腰节线下 13cm，胸围线上 4cm。

⑭ 修正后片下摆线：下摆线上抬 2.5cm。

⑮ 前侧缝辅助线：过前胸宽点，腰节线收 2cm，下摆外延 2cm。

⑯ 后侧缝辅助线：过后背宽点，腰节线收 2cm。

⑰ 侧缝省：袖窿深线下落 5cm，省大 2.5cm（图 5-3）。

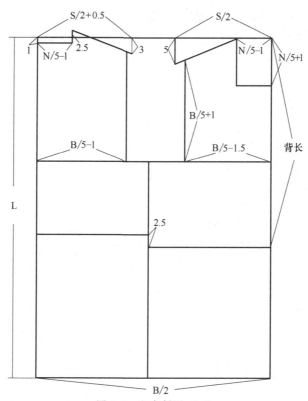

图 5-2 衣身制图（二）

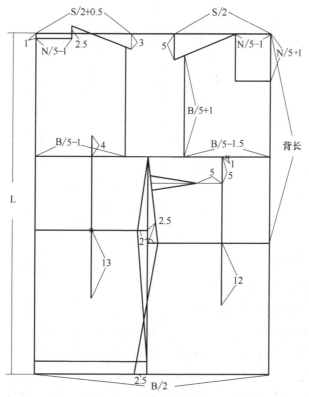

图 5-3 衣身制图（三）

⑱ 前袖窿辅助线：过前肩点、前袖窿深线 1/4 等分点、前胸宽点。

⑲ 后袖窿辅助线：过后肩点、后袖窿深线 1/3 等分点、后背宽点。

⑳ 前搭门宽：1.5cm。

㉑ 前后腰省：省道大小 2.5cm。

㉒ 前后袖窿弧线。

㉓ 前后领口弧线。

㉔ 前后侧缝弧线。

㉕ 前下摆弧线：侧缝点上抬 0.5cm。

㉖ 修正侧缝省（图 5-4）。

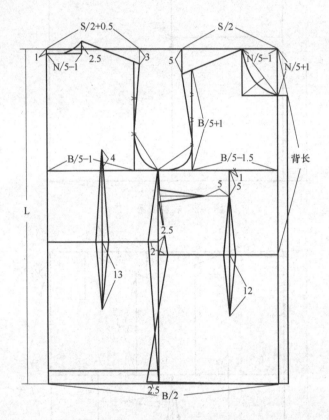

图 5-4　衣身制图（四）

（二）袖子制图

① 绘制袖子落山线、袖中线。

② 在袖中线上取袖山高：AH/3。

③ 绘制前袖斜线为 FAH＋0.5cm，后袖斜线为 BAH＋0.5cm。

④ 绘制袖口线：距离袖山顶点为袖长尺寸。

⑤ 绘制袖肘线：袖长中点下落 2.5cm。

⑥ 绘制内外侧缝线辅助线：过前后袖斜线与落山线交点向袖口线作垂线（图 5-5）。

⑦ 绘制袖山弧线。

⑧ 绘制内外侧缝线（图 5-6）。

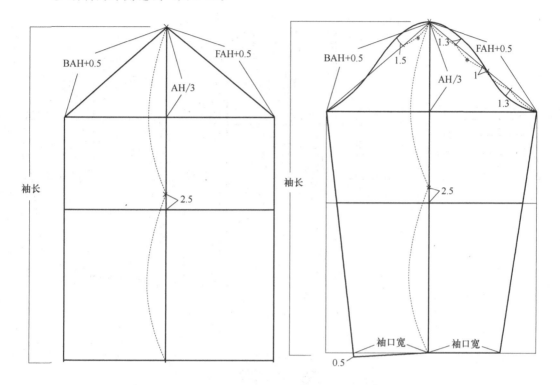

图 5-5 袖子制图（一）　　　　　　图 5-6 袖子制图（二）

（三）领子制图

① 绘制领底辅助线：领宽 N/2，领子搭门 1.5cm。

② 领底座高 3cm，领松量 2cm，领面 4cm。

③ 将领底辅助线三等分（图 5-7）。

④ 绘制领座弧线。

⑤ 绘制领面弧线（图 5-8）。

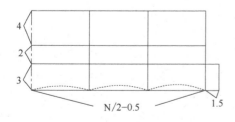

图 5-7 领子制图（一）

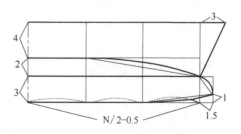

图 5-8 领子制图（二）

（四）结构完成图（图 5-9）

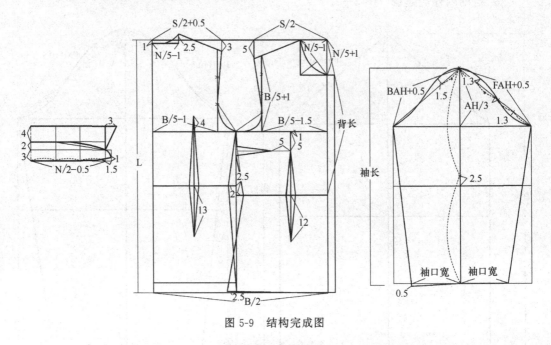

图 5-9　结构完成图

第二节
泡泡袖圆领女衬衫制图

一、款式特征描述

① 一片泡泡袖。

② 扁领。

③ 前片腰省＋腋下省，后片两个腰省。

④ 胸围加放 8cm 放松量。

⑤ 合体结构。

二、制图规格

（1）选择号型　160/84A。

（2）成品规格

部位	衣长	腰节长	胸围	肩宽	袖长	袖口宽	领围
规格/cm	65	40	92	38	55	12.5	40

三、制图过程

（一）衣身制图

① 绘制基础线、上平线、下平线：宽为 B/2，长为 L。

② 前领口辅助线：前领宽为 N/5－1cm，前领深为 N/5＋1cm。

③ 后领口辅助线：后领宽为 N/5－1cm，后领深为 2.5cm。

④ 前肩斜线：距离前中心线 S/2 找前肩点，从前肩点下落 5cm，连接 5cm 点与前领宽点。

⑤ 后肩斜线：距离后中心线 S/2＋0.5cm 找后肩点，从后肩点下落 3cm，连接 3cm 点与后领宽点（图 5-10）。

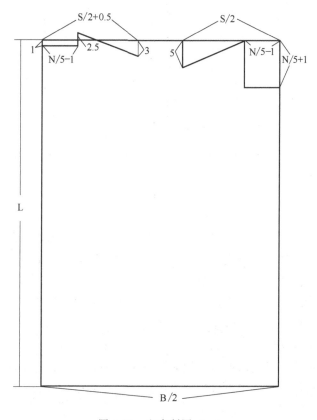

图 5-10　衣身制图（一）

⑥ 前胸宽：B/5－1.5cm。

⑦ 后背宽：B/5－1cm。

⑧ 前后袖窿深：B/5＋1cm。

⑨ 前后片分割线：前胸宽为 B/4＋1cm，后背宽为 B/4－1cm。

⑩ 前腰节线：距离上平线为腰节长尺寸。

⑪ 后腰节线：前腰节线抬高 2.5cm（图 5-11）。

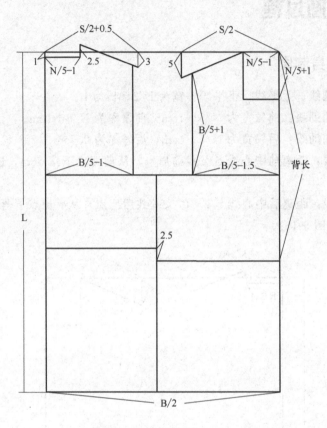

图 5-11　衣身制图（二）

⑫ 前腰省位置：前胸宽中点向侧缝线偏离 1cm，垂直胸围线，腰节线下 12cm。

⑬ 后腰省位置：过后腰节线中点，垂直胸围线，腰节线下 13cm，胸围线上 4cm。

⑭ 修正后片下摆线：下摆线上抬 2.5cm。

⑮ 前侧缝辅助线：过前胸宽点，腰节线收 2cm，下摆外延 2cm。

⑯ 后侧缝辅助线：过后背宽点，腰节线收 2cm。

⑰ 侧缝省：袖窿深线下落 5cm，省大 2.5cm（图 5-12）。

⑱ 前袖窿辅助线：过前肩点、前袖窿深线 1/4 等分点、前胸宽点。

⑲ 后袖窿辅助线：过后肩点、后袖窿深线 1/3 等分点、后背宽点。

⑳ 前搭门宽：2cm。

㉑ 前后腰省：省道大小 2.5cm。

㉒ 前后袖窿弧线。

㉓ 前后领口弧线。

㉔ 前后侧缝弧线。

㉕ 前下摆弧线：侧缝点上抬 0.5cm。

㉖ 修正侧缝省（图 5-13）。

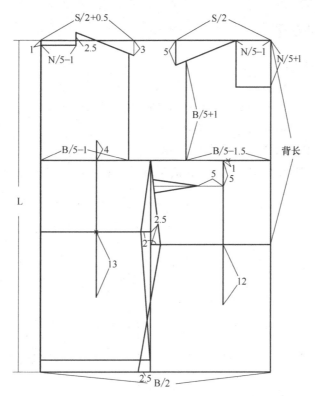

图 5-12　衣身制图（三）

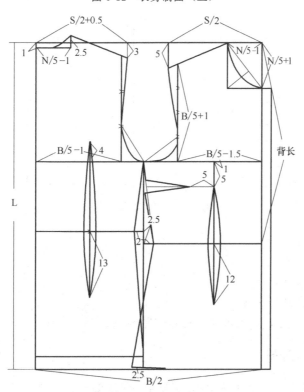

图 5-13　衣身制图（四）

（二）袖子制图

① 绘制袖子落山线、袖中线。

② 在袖中线上取袖山高：AH/3。

③ 绘制前袖斜线为 FAH＋0.5cm，后袖斜线为 BAH＋0.5cm。

④ 绘制袖口线：距离袖山顶点为袖长尺寸。

⑤ 绘制袖肘线：袖长中点下落 2.5cm。

⑥ 绘制内外侧缝线辅助线：过前后袖斜线与落山线交点向袖口线作垂线（图 5-14）。

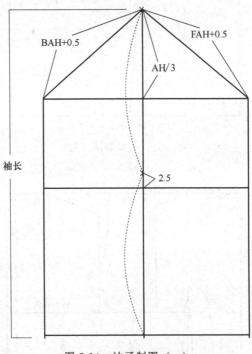

图 5-14　袖子制图（一）

⑦ 绘制袖山弧线。

⑧ 绘制内外侧缝线（图 5-15）。

⑨ 袖山展开 12cm，增加泡泡袖褶量（图 5-16）。

（三）领子制图

① 衣服前后片对接：前后片侧颈点重合，肩部重合 8°（图 5-17）。

② 绘制领面线：领面宽 8cm，绘制领子外口线（图 5-18）。

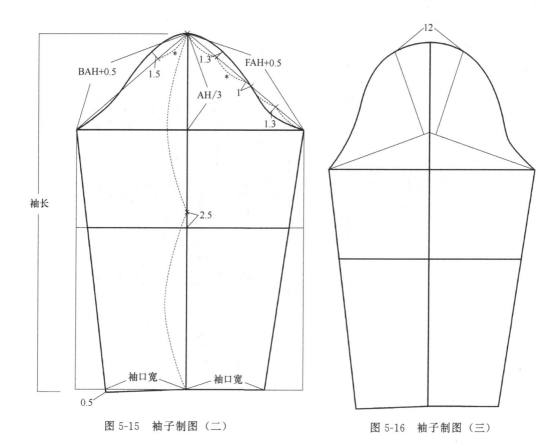

图 5-15 袖子制图（二）

图 5-16 袖子制图（三）

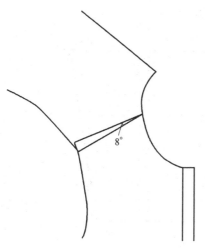

图 5-17 领子制图（一）

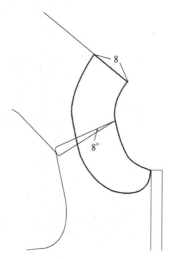

图 5-18 领子制图（二）

（四）结构完成图（图 5-19）

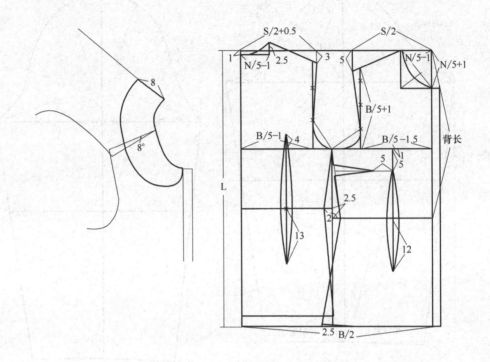

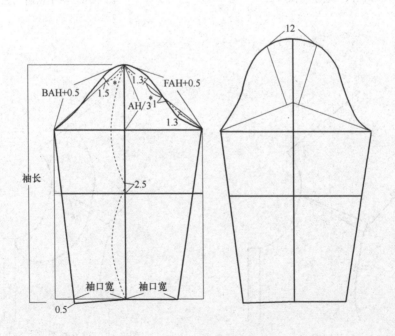

图 5-19　结构完成图

第三节
羊腿袖立领女衬衫制图

一、款式特征描述

① 羊腿袖。
② 立领。
③ 前片腰省＋腋下省，后片两个腰省。
④ 胸围加放 8cm 放松量。
⑤ 合体结构。

二、制图规格

（1）选择号型 160/84A。
（2）成品规格

部位	衣长	腰节长	胸围	肩宽	袖长	袖口宽	领围
规格/cm	60	40	92	38	55	12.5	40

三、制图过程

（一）衣身制图

① 绘制基础线、上平线、下平线：宽为 B/2，长为 L。
② 前领口辅助线：前领宽为 N/5－1cm，前领深为 N/5＋1cm。
③ 后领口辅助线：后领宽为 N/5－1cm，后领深为 2.5cm。
④ 前肩斜线：距离前中心线 S/2 找前肩点，从前肩点下落 5cm，连接 5cm 点与前领宽点。
⑤ 后肩斜线：距离后中心线 S/2＋0.5cm 找后肩点，从后肩点下落 3cm，连接 3cm 点与后领宽点（图 5-20）。
⑥ 前胸宽：B/5－1.5cm。
⑦ 后背宽：B/5－1cm。
⑧ 前后袖窿深：B/5＋1cm。
⑨ 前后片分割线：前胸宽为 B/4＋1cm，后背宽为 B/4－1cm。
⑩ 前腰节线：距离上平线为腰节长尺寸。

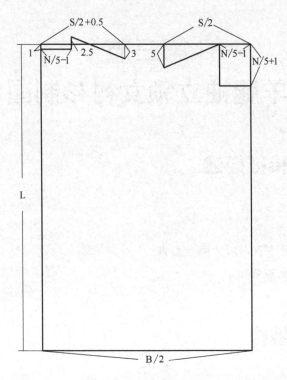

图 5-20 衣身制图（一）

⑪ 后腰节线：前腰节线抬高 2.5cm（图 5-21）。

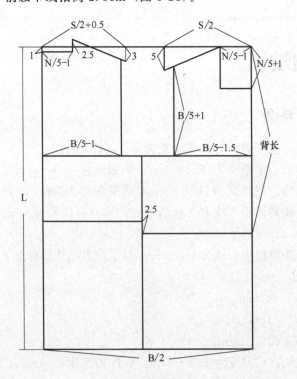

图 5-21 衣身制图（二）

⑫ 前腰省位置：前胸宽中点向侧缝线偏离 1cm，垂直胸围线，腰节线下 12cm。

⑬ 后腰省位置：过后腰节线中点，垂直胸围线，腰节线下 13cm，胸围线上 4cm。

⑭ 修正后片下摆线：下摆线上抬 2.5cm。

⑮ 前侧缝辅助线：过前胸宽点，腰节线收 2cm，下摆外延 2cm。

⑯ 后侧缝辅助线：过后背宽点，腰节线收 2cm。

⑰ 侧缝省：袖窿深线下落 5cm，省大 2.5cm（图 5-22）。

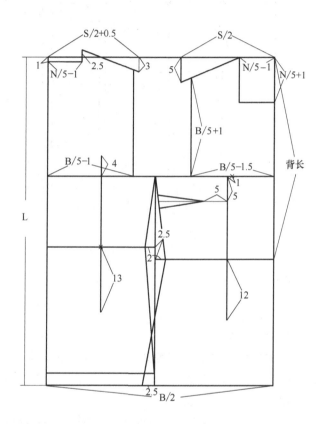

图 5-22　衣身制图（三）

⑱ 前袖窿辅助线：过前肩点、前袖窿深线 1/4 等分点、前胸宽点。

⑲ 后袖窿辅助线：过后肩点、后袖窿深线 1/3 等分点、后背宽点。

⑳ 前搭门宽：1.5cm。

㉑ 前后腰省：省道大小 2.5cm。

㉒ 前后袖窿弧线。

㉓ 前后领口弧线。

㉔ 前后侧缝弧线。

㉕ 前下摆弧线：侧缝点上抬 0.5cm（图 5-23）。

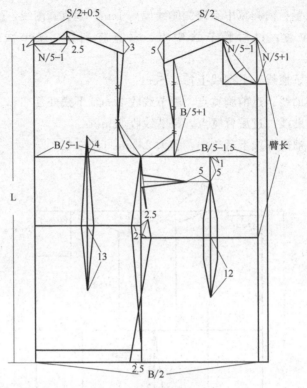

图 5-23　衣身制图（四）

（二）袖子制图

① 绘制袖子落山线、袖中线。

② 在袖中线上取袖山高：AH/3。

③ 绘制前袖斜线为 FAH＋0.5cm，后袖斜线为 BAH＋0.5cm。

④ 绘制袖口线：距离袖山顶点为袖长尺寸。

⑤ 绘制袖肘线：袖长中点下落 2.5cm。

⑥ 绘制内外侧缝线辅助线：过前后袖斜线与落山线交点向袖口线作垂线（图 5-24）。

⑦ 绘制袖山弧线。

⑧ 绘制内外侧缝线（图 5-25）。

⑨ 绘制袖子展开辅助线：将前后袖肥三等分（图 5-26）。

⑩ 沿袖子辅助线剪开展开，并修正袖山弧线（图 5-27）。

（三）领子制图

① 绘制领底辅助线：领宽 N/2，领子搭门 1.5cm。

② 领底座高 3cm，领松量 2cm，领面 4cm。

③ 将领底辅助线三等分（图 5-28）。

④ 绘制领座弧线。

⑤ 绘制领面弧线（图 5-29）。

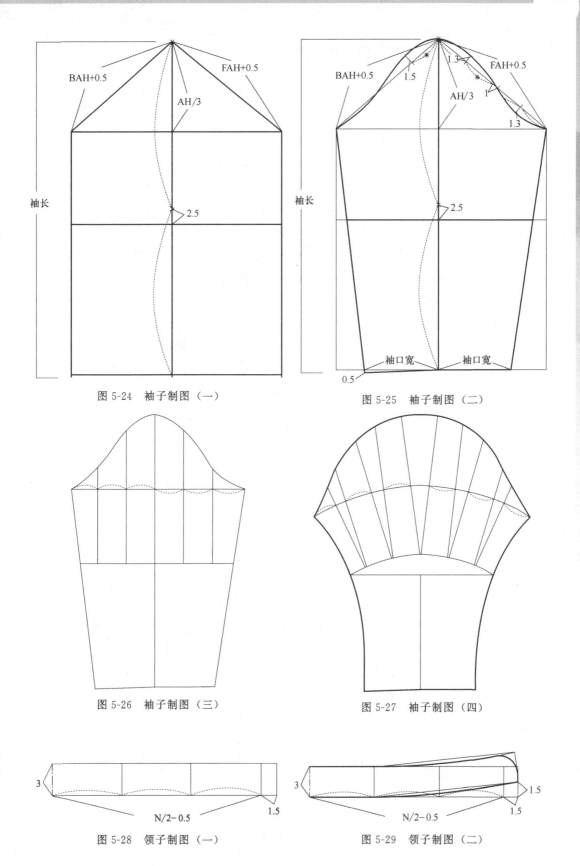

图 5-24　袖子制图（一）

图 5-25　袖子制图（二）

图 5-26　袖子制图（三）

图 5-27　袖子制图（四）

图 5-28　领子制图（一）

图 5-29　领子制图（二）

（四）结构完成图（图 5-30）

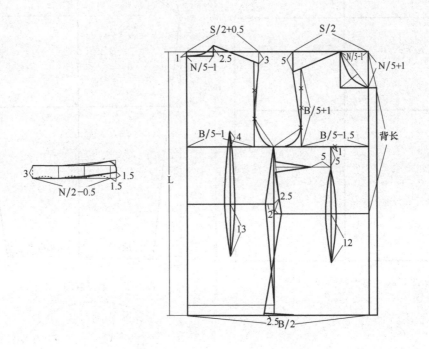

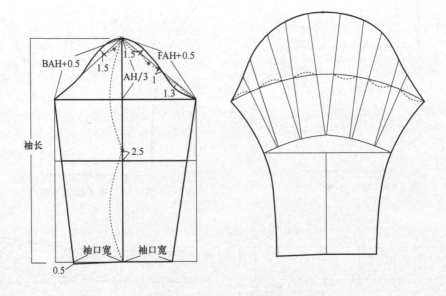

图 5-30 结构完成图

第四节
喇叭袖蝴蝶结领女衬衫制图

一、款式特征描述

① 喇叭袖。
② 蝴蝶结领。
③ 前片腰省＋腋下省，后片两个腰省。
④ 胸围加放 10cm 放松量。
⑤ 合体结构。

二、制图规格

（1）选择号型　160/84A。
（2）成品规格

部位	衣长	腰节长	胸围	肩宽	袖长	领围
规格/cm	65	40	94	38	55	40

三、制图过程

（一）衣身制图

① 绘制基础线、上平线、下平线：宽为 B/2，长为 L。
② 前领口辅助线：前领宽为 N/5－1cm，前领深为 N/5＋1cm。
③ 后领口辅助线：后领宽为 N/5－1cm，后领深为 2.5cm。
④ 前肩斜线：距离前中心线 S/2 找前肩点，从前肩点下落 5cm，连接 5cm 点与前领宽点。
⑤ 后肩斜线：距离后中心线 S/2＋0.5cm 找后肩点，从后肩点下落 3cm，连接 3cm 点与后领宽点（图 5-31）。
⑥ 前胸宽：B/5－1.5cm。
⑦ 后背宽：B/5－1cm。
⑧ 前后袖隆深：B/5＋1cm。
⑨ 前后片分割线：前胸宽为 B/4＋1cm，后背宽为 B/4－1cm。
⑩ 前腰节线：距离上平线为腰节长尺寸。
⑪ 后腰节线：前腰节线抬高 2.5cm（图 5-32）。

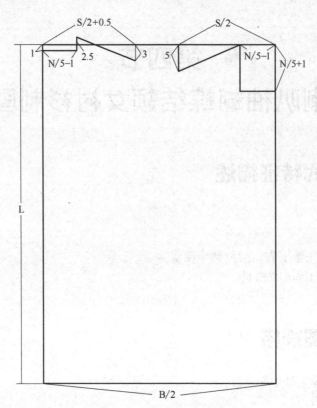

图 5-31　衣身制图（一）

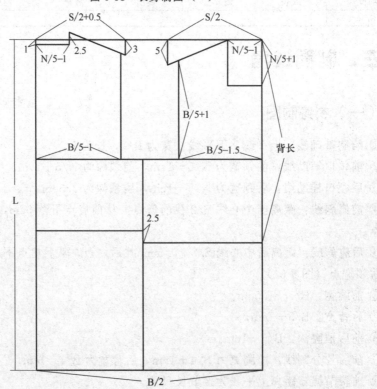

图 5-32　衣身制图（二）

⑫ 前腰省位置：前胸宽中点向侧缝线偏离 1cm，垂直胸围线，腰节线下 12cm。

⑬ 后腰省位置：过后腰节线中点，垂直胸围线，腰节线下 13cm，胸围线上 4cm。

⑭ 修正后片下摆线：下摆线上抬 2.5cm。

⑮ 前侧缝辅助线：过前胸宽点，腰节线收 2cm，下摆外延 2cm。

⑯ 后侧缝辅助线：过后背宽点，腰节线收 2cm。

⑰ 侧缝省：袖窿深线下落 5cm，省大 2.5cm（图 5-33）。

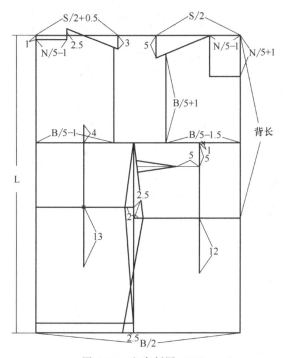

图 5-33　衣身制图（三）

⑱ 前袖窿辅助线：过前肩点、前袖窿深线 1/4 等分点、前胸宽点。

⑲ 后袖窿辅助线：过后肩点、后袖窿深线 1/3 等分点、后背宽点。

⑳ 前搭门宽：1.5cm。

㉑ 前后腰省：省道大小 2.5cm。

㉒ 前后袖窿弧线。

㉓ 前后领口弧线。

㉔ 前后侧缝弧线。

㉕ 前下摆弧线：侧缝点上抬 0.5cm（图 5-34）。

（二）袖子制图

① 绘制袖子落山线、袖中线。

② 在袖中线上取袖山高：AH/3。

③ 绘制前袖斜线为 FAH＋0.5cm，后袖斜线为 BAH＋0.5cm。

④ 绘制袖口线：距离袖山顶点为袖长尺寸。

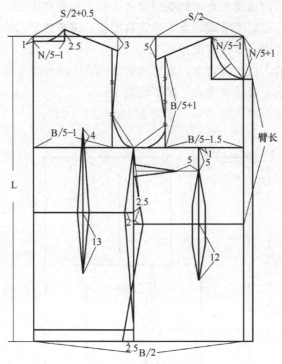

图 5-34 衣身制图（四）

⑤ 绘制袖肘线：袖长中点下落 2.5cm。

⑥ 绘制内外侧缝线辅助线：过前后袖斜线与落山线交点向袖口线作垂线（图 5-35）。

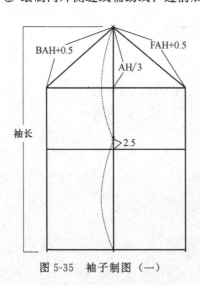

图 5-35 袖子制图（一）

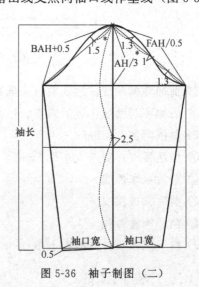

图 5-36 袖子制图（二）

⑦ 绘制袖山弧线。

⑧ 绘制内外侧缝线（图 5-36）。

⑨ 绘制袖子展开辅助线：三等分前后袖肥线（图 5-37）。

⑩ 沿袖展开辅助线剪开，展开量 5cm，修正袖山弧线、袖口线（图 5-38）。

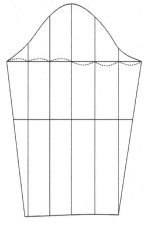

图 5-37　袖子制图（三）

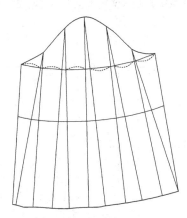

图 5-38　袖子制图（四）

（三）领子制图

① 绘制领底辅助线：领宽 N/2－0.5cm。

② 绘制后领中心线，领底座高 3cm。

③ 将领底辅助线三等分（图 5-39）。

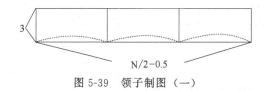

图 5-39　领子制图（一）

④ 绘制领底起翘：1.5cm。

⑤ 绘制领底弧线。

⑥ 绘制领面弧线（图 5-40）。

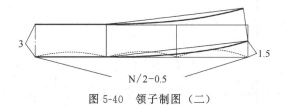

图 5-40　领子制图（二）

⑦ 绘制领子蝴蝶结部分（图 5-41）。

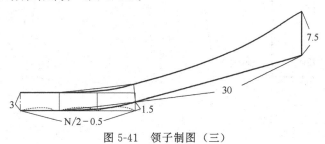

图 5-41　领子制图（三）

（四）结构完成图（图5-42）

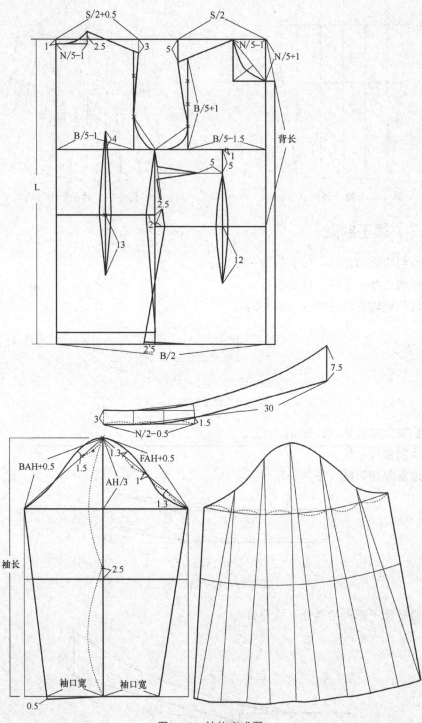

图5-42　结构完成图

第五节
单排扣女西装制图

一、款式特征描述

① 两粒扣。
② 平驳领。
③ 前片双嵌线口袋。
④ 两片袖结构。
⑤ 后片设有背缝线。

二、制图规格

(1) 选择号型 165/84A。
(2) 成品规格

部位	衣长	胸围	肩宽	袖长	领大	袖口
规格/cm	70	98	40	58	40	13

三、制图过程

(一)衣身前片制图

① 绘制基础线、上平线、下平线。
② 绘制腰节线：平行上平线，距离为号/4。
③ 绘制袖窿深线：平行上平线，距离为 B/6+7cm。
④ 前侧缝线：B/4。
⑤ 前胸宽线：1.5B/10+3cm（图 5-43）。
⑥ 前领口线：领宽 N/5-0.2cm，领深 N/5+1.5cm。
⑦ 前肩线：在上平线上找距离前中心点 S/2 的点作垂线，垂线长度 B/20-1.4cm，连接垂线点和侧颈点。
⑧ 前袖窿弧线：侧缝线延长 2cm，将肩线到袖窿深线间胸宽线两等分，弧线连接肩点、等分点、侧缝点（图 5-44）。
⑨ 侧缝弧线：腰节线收 1cm，下摆线放 1cm。

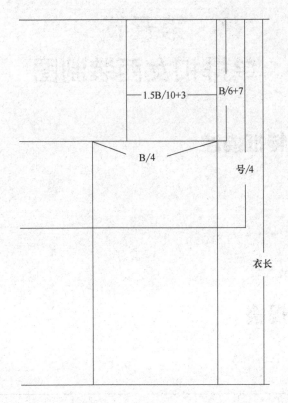

图 5-43　衣身前片制图（一）

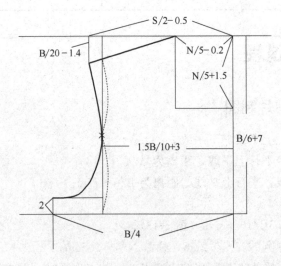

图 5-44　衣身前片制图（二）

⑩ 搭门线：搭门宽 3cm。

⑪ 扣位：第一粒扣在腰节线上 3cm，第二粒扣距离第一粒扣 10cm（图 5-45）。

⑫ 腰省辅助线：腰节线等分，过等分点作垂线到下摆线。

⑬ 绘制下摆弧线。

⑭ 绘制省道线：腰省 2.5cm，下摆加放 2cm。

⑮ 绘制侧缝省：省大 2cm（图 5-46）。

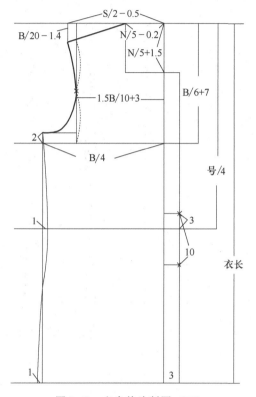

图 5-45　衣身前片制图（三）

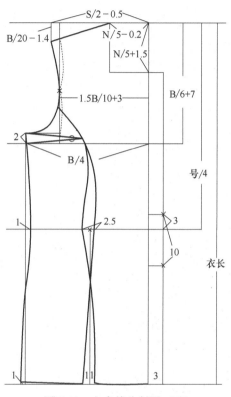

图 5-46　衣身前片制图（四）

（二）衣身后片制图

① 延长前片上平线、下平线、腰节线、袖窿深线。

② 绘制后胸围宽线：平行于后中心线，距后中心 B/4。

③ 绘制后背宽线：平行于后中心线，距后中心 15B/10＋3.5cm。

④ 后领口线：后领口深 2.5cm，后领口宽 N/5。

⑤ 绘制肩线：在上平线上距后中心 S/2＋0.5cm 找肩宽点，过肩宽点作垂线，垂线长 B/20－0.9cm，连接垂线点和侧颈点（图 5-47）。

⑥ 绘制后片侧缝弧线：腰节线收 1cm，下摆线加放 1cm。

⑦ 绘制后袖窿弧线：背宽线两等分，过肩点、等分点、侧缝点弧线连接。

⑧ 绘制后领口弧线（图 5-48）。

⑨ 修正后中心线：袖窿深线上收 0.7cm，腰节线、下摆线收 1cm。

⑩ 后腰省辅助线：腰节线等分，过等分点作垂线到下摆线。

⑪ 绘制腰省：腰省 2cm，下摆加放 2cm（图 5-49）。

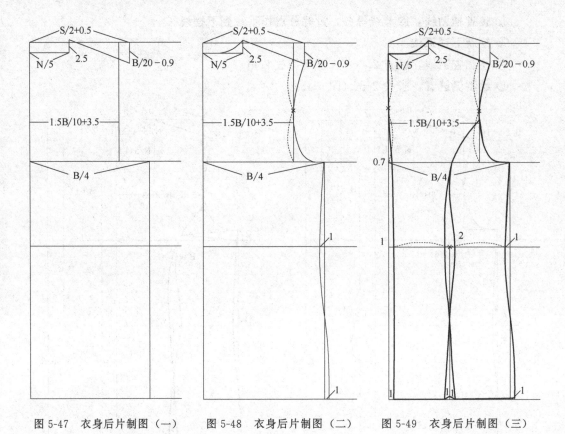

图 5-47 衣身后片制图（一）   图 5-48 衣身后片制图（二）   图 5-49 衣身后片制图（三）

（三）领子制图

① 绘制翻驳线：在上平线找翻驳基点，距侧颈点 2/3 领座宽，领座宽 3.5cm，连接翻驳基点与第一粒扣位点。

② 领子辅助线 1：过侧颈点作翻驳线的平行线，并延长。

③ 领子辅助线 2：在延长线上量取长度为后领弧线长找一点，并作垂线，垂线长为领座宽 3.5cm。

④ 辅助线 3：连接垂线点和侧颈点（图 5-50）。

⑤ 辅助线 4：作翻驳线平行线，间距 9cm。

⑥ 串口线：连接前领深点与领口辅助线 1/3 点，并延长到辅助线 4 上，交点即为驳头点。

⑦ 连接驳头点与第一粒扣位点（图 5-51）。

⑧ 在辅助线 3 上量取长度为后领弧线长度找一点作垂线，在垂线上量取领座宽 3.5cm，领面宽 4.5cm。

⑨ 在串口线上找一点 A，距离驳头点 6cm，过 A 点和驳头点为圆心，半径为 5cm 画圆，连接圆交点与 A 点。

⑩ 绘制领底弧线、领面弧线、领翻折线、翻领弧线（图 5-52）。

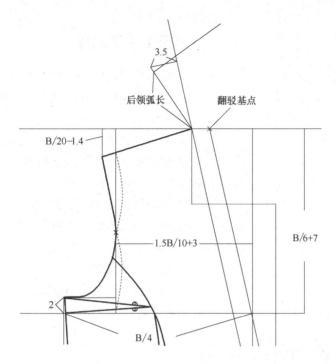

图 5-50　领子制图（一）

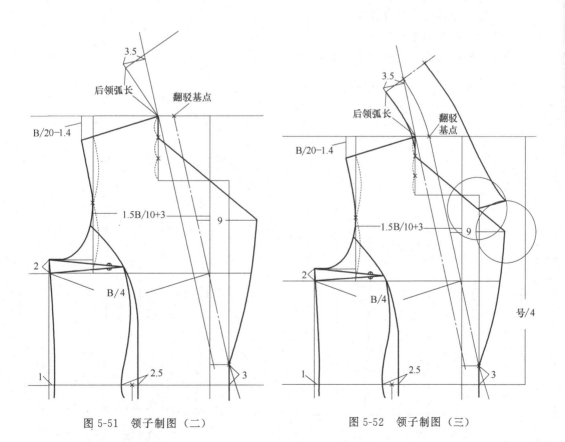

图 5-51　领子制图（二）　　　　　图 5-52　领子制图（三）

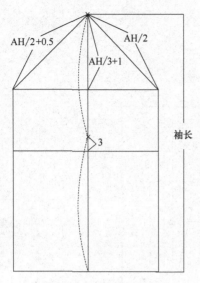

图 5-53　袖子制图（一）

（四）袖子制图

① 绘制袖子落山线：袖山高为 AH/3＋1cm。

② 绘制袖长线：延长袖中线，从袖山顶点到袖口长度为袖长。

③ 袖口线：平行于袖肥线，过袖口点。

④ 绘制袖肘线：平行于袖肥线，距离袖山顶点为袖长/2＋3cm（图 5-53）。

⑤ 绘制袖山弧线：按照一片袖的绘制方法。

⑥ 绘制袖辅助线：将前后袖肥等分，过等分点作垂线到袖口线。

⑦ 绘制大袖辅助线。

⑧ 袖口宽点：过前侧缝辅助线点，在袖口线上量取长度为袖口宽找袖口点，连接袖口点和后袖肥等分点。

⑨ 绘制大袖内外侧缝弧线（图 5-54）。

⑩ 绘制小袖辅助线。

⑪ 绘制小袖内外侧缝弧线。

⑫ 绘制小袖山弧线。

⑬ 修正袖口线：后侧缝下落 1cm（图 5-55）。

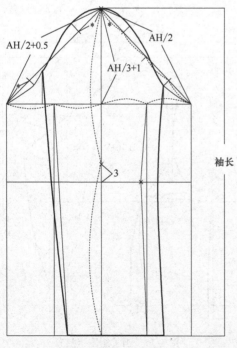

图 5-54　袖子制图（二）

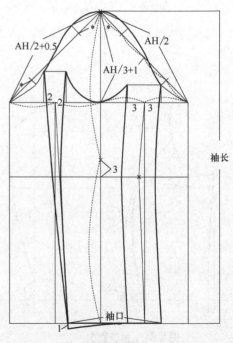

图 5-55　袖子制图（三）

（五）结构完成图（图 5-56）

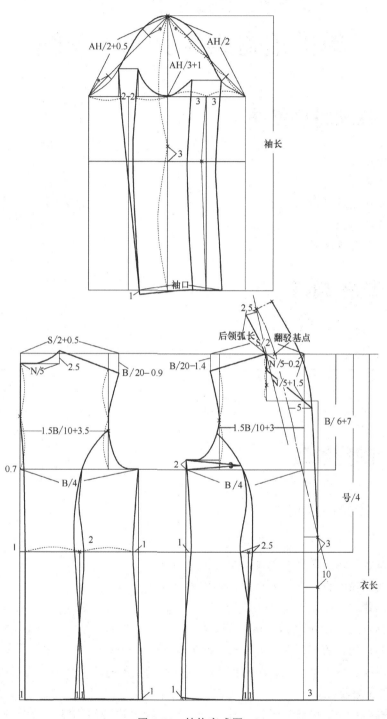

图 5-56　结构完成图

第六节
单排扣青果领女西服制图

一、款式特征描述

① 两粒扣。
② 青果领。
③ 前片双嵌线口袋。
④ 两片袖结构。
⑤ 后片设有背缝线。

二、制图规格

（1）选择号型　165/84A。
（2）成品规格

部位	衣长	胸围	肩宽	袖长	领大	袖口
规格/cm	70	98	40	58	40	13

三、制图过程

（一）衣身前片制图

① 绘制基础线、上平线、下平线。
② 绘制腰节线：平行上平线，距离为号/4。
③ 绘制袖窿深线：平行上平线，距离为 B/6+7cm。
④ 前侧缝线：B/4。
⑤ 前胸宽线：1.5B/10+3cm（图 5-57）。
⑥ 前领口线：领宽 N/5−0.2cm，领深 N/5+1.5cm。
⑦ 前肩线：在上平线上找距离前中心点 S/2 的点作垂线，垂线长度 B/20−1.4cm，连接垂线点和侧颈点。
⑧ 前袖窿弧线：侧缝线延长 2cm，将肩线到袖窿深线间胸宽线两等分，弧线连接肩点、等分点、侧缝点（图 5-58）。
⑨ 侧缝弧线：腰节线收 1cm，下摆线放 1cm。

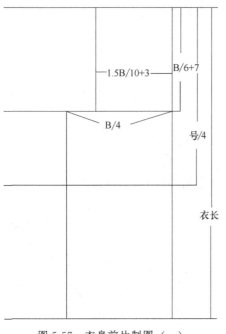

图 5-57　衣身前片制图（一）

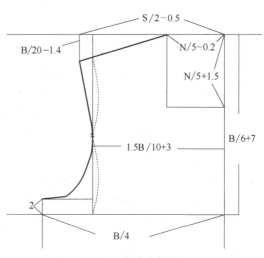

图 5-58　衣身前片制图（二）

⑩ 搭门线：搭门宽 3cm。

⑪ 扣位：第一粒扣在腰节线上 3cm，第二粒扣距离第一粒扣 10cm（图 5-59）。

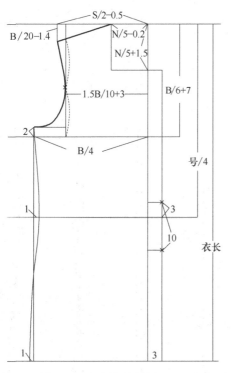

图 5-59　衣身前片制图（三）

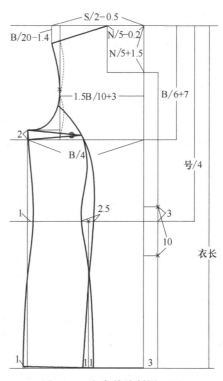

图 5-60　衣身前片制图（四）

⑫ 腰省辅助线：腰节线等分，过等分点作垂线到下摆线。

⑬ 绘制下摆弧线。

⑭ 绘制省道线：腰省 2.5cm，下摆加放 2cm。

⑮ 绘制侧缝省：省大 2cm（图 5-60）。

（二）衣身后片制图

① 延长前片上平线、下平线、腰节线、袖窿深线。

② 绘制后胸围宽线：平行于后中心线，距后中 B/4。

③ 绘制后背宽线：平行于后中心线，距后中 1.5B/10＋3.5cm。

④ 后领口线：后领口深 2.5cm，后领口宽 N/5。

⑤ 绘制肩线：在上平线上距后中心 S/2＋0.5cm 找肩宽点，过肩宽点作垂线，垂线长 B/20－0.9cm，连接垂线点和侧颈点（图 5-61）。

⑥ 绘制后片侧缝弧线：腰节线收 1cm，下摆线加放 1cm。

⑦ 绘制后袖窿弧线：背宽线两等分，过肩点、等分点、侧缝点弧线连接。

⑧ 绘制后领口弧线（图 5-62）。

⑨ 修正后中心线：袖窿深线上收 0.7cm，腰节线、下摆线收 1cm。

⑩ 后腰省辅助线：腰节线等分，过等分点作垂线到下摆线。

⑪ 绘制腰省：腰省 2cm，下摆加放 2cm（图 5-63）。

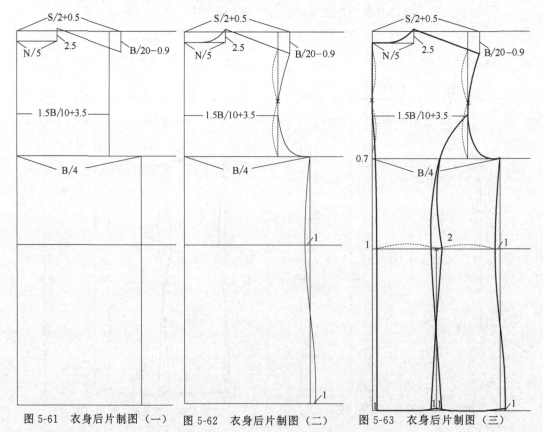

图 5-61　衣身后片制图（一）　　图 5-62　衣身后片制图（二）　　图 5-63　衣身后片制图（三）

（三）领子制图

① 绘制翻驳线：在上平线找翻驳基点，距侧颈点 2/3 领座宽，领座宽 2.5cm，连接翻驳基点与第一粒扣位点。

② 领子辅助线 1：过侧颈点作翻驳线的平行线，并延长。

③ 领子辅助线 2：在延长线上量取长度为后领弧线长找一点，并作垂线，垂线长为领座宽 3.5cm。

④ 辅助线 3：连接垂线点和侧颈点（图 5-64）。

⑤ 辅助线 4：作翻驳线平行线，间距 5cm。

⑥ 串口线：连接前领深点与领口辅助线 1/3 点，并延长到辅助线 4 上，交点即为驳头点。

⑦ 连接驳头点与第一粒扣位点（图 5-65）。

⑧ 在辅助线 3 上量取长度为后领弧线长度找一点作垂线，在垂线上量取领座宽 2.5cm，领面宽 3.5cm。

⑨ 绘制领底弧线、领面弧线、领翻折线、翻领弧线（图 5-66）。

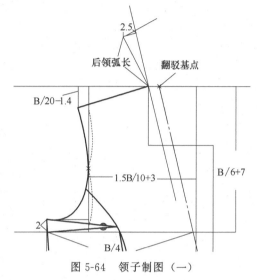

图 5-64　领子制图（一）

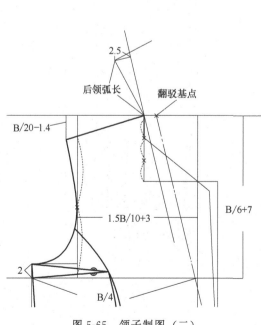

图 5-65　领子制图（二）

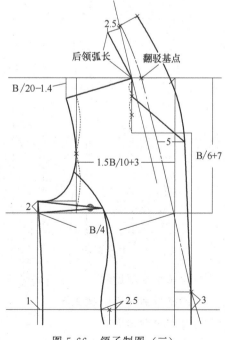

图 5-66　领子制图（三）

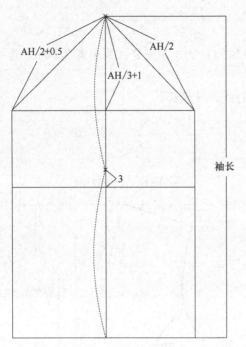

图 5-67　袖子制图（一）

（四）袖子制图

① 绘制袖子落山线：袖山高为 AH/3＋1cm。

② 绘制袖长线：延长袖中线，从袖山顶点到袖口长度为袖长。

③ 袖口线：平行于袖肥线，过袖口点。

④ 绘制袖肘线：平行于袖肥线，距离袖山顶点为袖长/2＋3cm（图 5-67）。

⑤ 绘制袖山弧线：按照一片袖的绘制方法。

⑥ 绘制袖辅助线：将前后袖肥等分，过等分点作垂线到袖口线。

⑦ 绘制大袖辅助线。

⑧ 袖口宽点：过前侧缝辅助线点，在袖口线上量取长度为袖口宽找袖口点，连接袖口点和后袖肥等分点。

⑨ 绘制大袖内外侧缝弧线（图 5-68）。

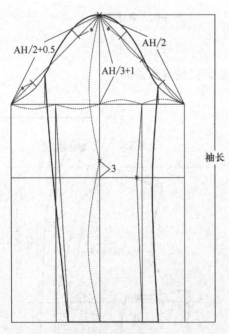

图 5-68　袖子制图（二）

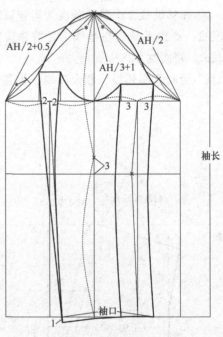

图 5-69　袖子制图（三）

⑩ 绘制小袖辅助线。

⑪ 绘制小袖内外侧缝弧线。

⑫ 绘制小袖山弧线。

⑬ 修正袖口线：后侧缝下落 1cm（图 5-69）。

（五）结构完成图（图 5-70）

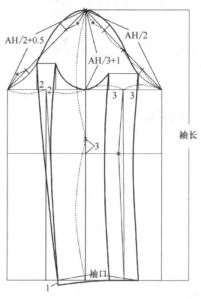

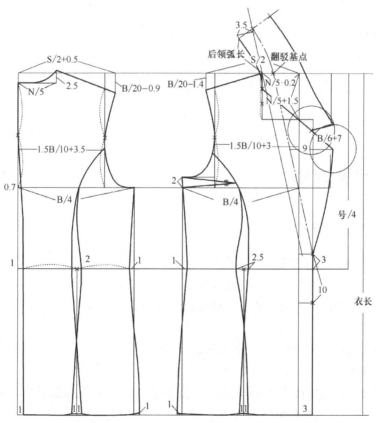

图 5-70　结构完成图

第七节
双排扣戗驳头女西服制图

一、款式特征描述

① 双排三粒扣。
② 戗驳领。
③ 前片双嵌线带盖口袋。
④ 两片袖结构。
⑤ 后片设有背缝线。

二、制图规格

（1）选择号型　165/84A。
（2）成品规格

部位	衣长	胸围	肩宽	袖长	领大	袖口
规格/cm	80	100	40	58	42	14

三、制图过程

（一）前片制图

① 绘制基础线、上平线、下平线。
② 绘制腰节线：平行上平线，距离为号/4。
③ 绘制袖窿深线：平行上平线，距离为 B/5＋5.5cm。
④ 前侧缝线 B/4。
⑤ 前胸宽线：1.5B/10＋2.5cm（图 5-71）。
⑥ 前领口线：领宽 N/5，领深 N/5－0.5cm。
⑦ 前肩线：在上平线上找距离前中心点 S/2－0.5cm 的点作垂线，垂线长度 B/20－1.5cm，连接垂线点和侧颈点（图 5-72）。
⑧ 前袖窿弧线：侧缝线延长 2cm，并过 2cm 点作垂线到前胸宽线，将肩线到垂线间胸宽线两等分，弧线连接肩点、等分点、侧缝点。

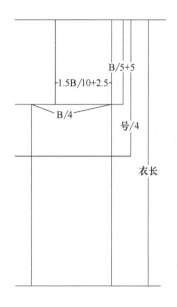

图 5-71　前片制图（一）

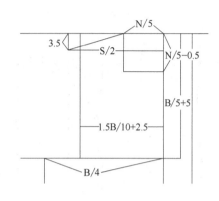

图 5-72　前片制图（二）

⑨ 侧缝弧线：腰节线收 1cm，下摆线放 2cm（图 5-73）。

⑩ 搭门线：搭门宽 8.5cm。

⑪ 扣位：第一粒扣在腰节线上 10cm，第二粒扣在腰节线上，第三粒扣在腰节线下 10cm。

⑫ 绘制下摆弧线：侧缝起翘 1cm。

⑬ 腰省辅助线：腰节线等分，过等分点作垂线到下摆线。

⑭ 绘制省道线：腰省 2.5cm，下摆加放 2cm（图 5-74）。

⑮ 绘制侧缝省：省大 2cm。

⑯ 标记兜口位置（图 5-75）。

（二）后片制图

① 延长前片上平线、下平线、腰节线、袖窿深线。

② 绘制后片基础线。

③ 绘制后胸围线：平行于后中心线，距后中心 B/4。

④ 绘制后背宽线：平行于后中心线，距后中心 1.5B/10＋3cm（图 5-76）。

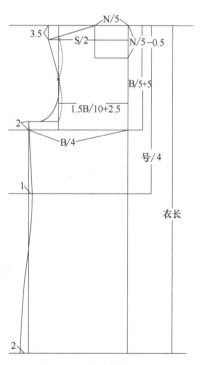

图 5-73　前片制图（三）

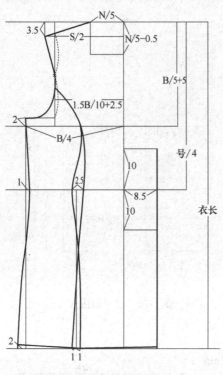

图 5-74　前片制图（四）

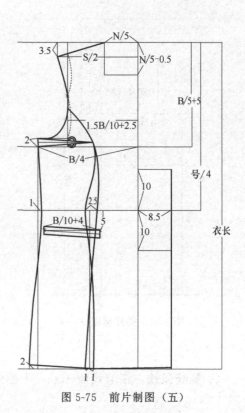

图 5-75　前片制图（五）

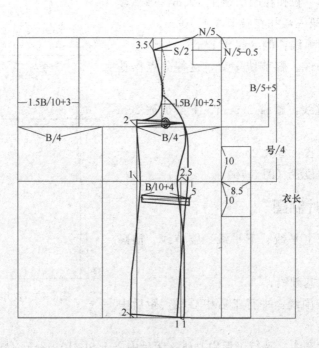

图 5-76　后片制图（一）

⑤ 绘制后领口线辅助线：后领口深 2.5cm，后领口宽 N/5。

⑥ 绘制肩线：在上平线上距后中心 S/2＋0.5cm 找肩宽点，过肩宽点作垂线，垂线长 B/20－0.8cm，连接垂线点和侧颈点（图 5-77）。

⑦ 绘制后领口弧线。

⑧ 绘制后袖窿弧线：背宽线两等分，过肩点、等分点、侧缝点弧线连接。

⑨ 绘制后片侧缝弧线：腰节线收 1cm，下摆线加放 1.5cm（图 5-78）。

⑩ 修正后中心线：袖窿深线上收 0.8cm，腰节线、下摆线收 1cm。

⑪ 修正下摆弧线：下摆起翘 1cm。

⑫ 后腰省辅助线：腰节线等分，过等分点作垂线到下摆线。

⑬ 绘制腰省：腰省 2cm，下摆加放 2cm（图 5-79）。

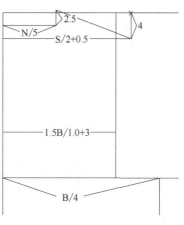

图 5-77　后片制图（二）

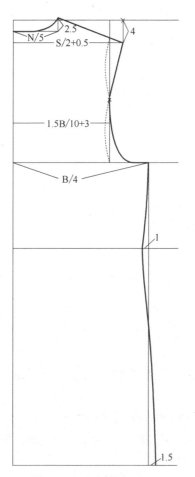

图 5-78　后片制图（三）

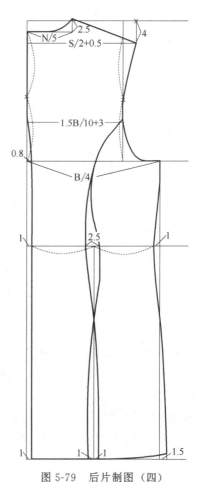

图 5-79　后片制图（四）

（三）领子制图

① 绘制翻驳线：在上平线找翻驳基点，距侧颈点 2/3 领座宽，领座宽 3.5cm，连接翻驳基点与第一粒扣位点。

② 领子辅助线 1：过侧颈点作翻驳线的平行线，并延长。

③ 领子辅助线 2：在延长线上量取长度为后领弧线长找一点，并作垂线，垂线长为领座宽 3.5cm。

④ 延长领口深线，在领口深线上找一点距翻驳线 9cm。

⑤ 连接驳头点与第一粒扣位点（图 5-80）。

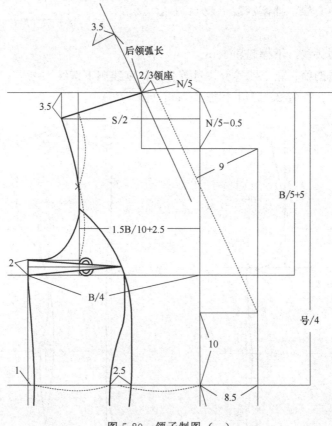

图 5-80　领子制图（一）

⑥ 辅助线 3：连接垂线点和侧颈点。

⑦ 在辅助线 3 上量取长度为后领弧线长度找一点作垂线，在垂线上量取领座宽 3.5cm，领面宽 5cm。

⑧ 延长衣身领面线 6.5cm，过 6.5cm 点作垂线，垂线长 2.5cm。

⑨ 在串口线上找一点，距离驳头点 6.5cm，连接 6.5cm 点与 2.5cm 垂线点（图 5-81）。

⑩ 绘制领底弧线、领面弧线、领翻折线、翻领弧线（图 5-82）。

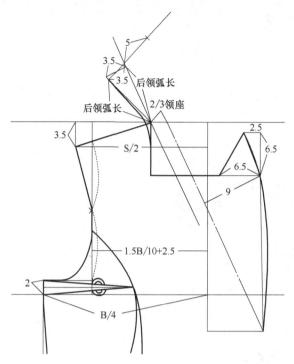

图 5-81　领子制图（二）

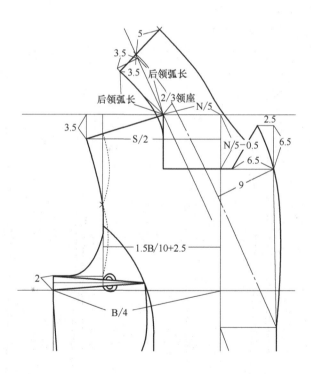

图 5-82　领子制图（三）

（四）袖子制图

① 绘制袖子落山线：袖山高为 AH/3＋1cm。

② 绘制袖长线：延长袖中线，从袖山顶点到袖口长度为袖长。

③ 袖口线：平行于袖肥线，过袖口点。

④ 绘制袖肘线：平行于袖肥线，距离袖山顶点为袖长/2＋3cm（图5-83）。

⑤ 绘制袖山弧线：按照一片袖的绘制方法。

⑥ 绘制袖辅助线：将前后袖肥等分，过等分点作垂线到袖口线。

⑦ 绘制大袖辅助线。

⑧ 袖口宽点：过前侧缝辅助线点，在袖口线上量取长度为袖口宽找袖口点，连接袖口点和后袖肥等分点。

⑨ 绘制大袖内外侧缝弧线（图5-84）。

⑩ 绘制小袖辅助线。

⑪ 绘制小袖内外侧缝弧线。

⑫ 绘制小袖山弧线。

⑬ 修正袖口线：后侧缝下落1cm（图5-85）。

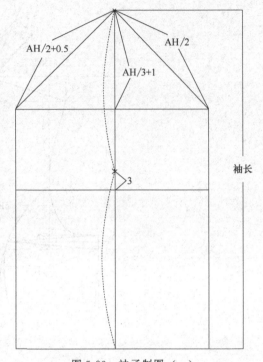

图5-83　袖子制图（一）

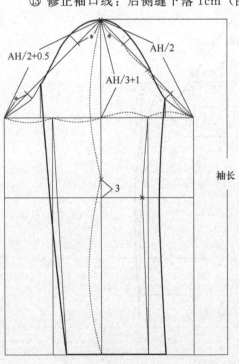

图5-84　袖子制图（二）

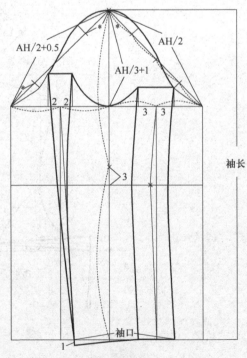

图5-85　袖子制图（三）

（五）结构完成图（图 5-86）

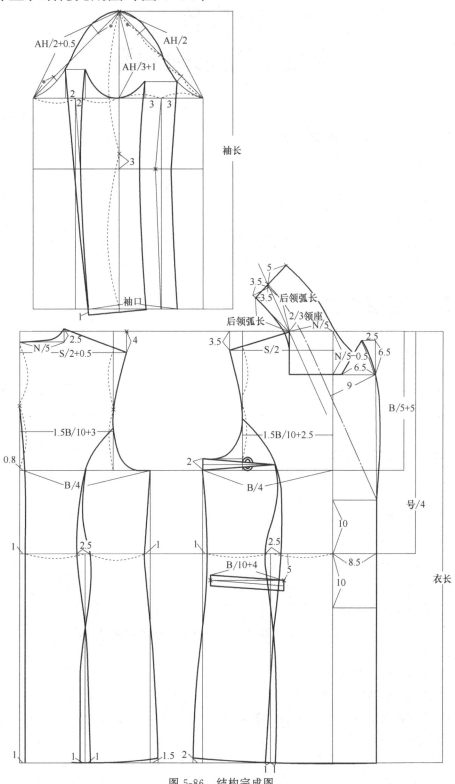

图 5-86　结构完成图

第八节
无袖立领旗袍制图

一、款式特征描述

① 无袖。

② 立领。

③ 前片两个腰省，后片两个腰省。

④ 胸围加放 4cm 放松量，腰围加放 4cm 放松量，臀围加放 2cm 放松量。

⑤ 合体结构。

二、制图规格

（1）选择号型　165/84A。

（2）成品规格

部位	衣长	胸围	腰围	臀围	肩宽	袖长	袖口宽	领围
规格/cm	120	84＋4	66＋4	88＋2	38	56	13	38

三、制图过程

（一）衣身前片制图

① 绘制基础线、上平线、下平线。

② 绘制袖窿深线：$B/5+2.5cm$。

③ 绘制腰节线：号/4＋1cm。

④ 绘制臀围线：腰节线向下 18cm（图 5-87）。

⑤ 绘制前领口辅助线：前领口宽 $N/5-0.5cm$，前领口深 $N/5$。

⑥ 绘制前肩斜线：5.5：2。

⑦ 找肩宽点：前肩宽 $S/2$。

⑧ 绘制前胸宽线：$B/6+2cm$。

⑨ 绘制前胸围线：$B/4+1cm$（图 5-88）。

⑩ 绘制前领口弧线。

⑪ 肩线延长 5cm，下落 3cm。

⑫ 修正肩线。

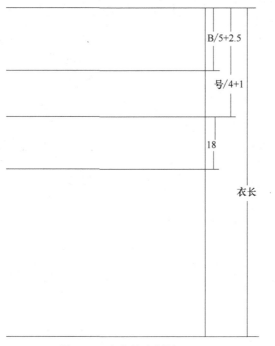

图 5-87 衣身前片制图（一）

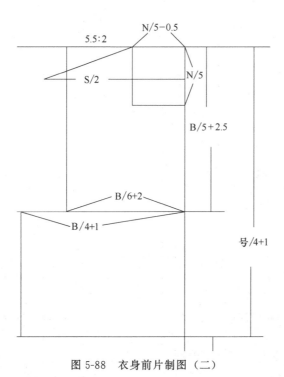

图 5-88 衣身前片制图（二）

⑬ 绘制前袖隆弧线（图 5-89）。

⑭ 绘制侧缝省：省大 2.5cm。

⑮ 绘制臀围宽线：H/4＋0.5cm（图 5-90）。

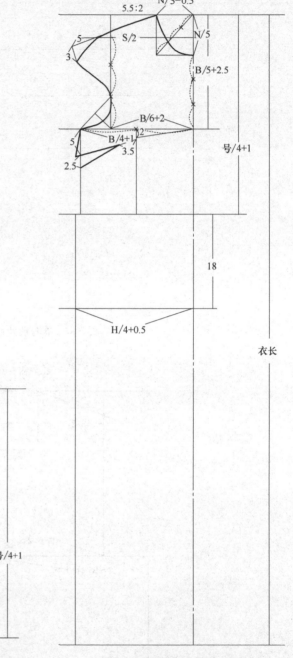

图 5-90 衣身前片制图（四）

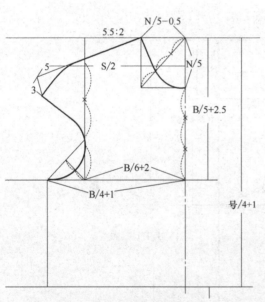

图 5-89 衣身前片制图（三）

⑯ 找腰围点：W/4＋1＋2.5cm。

⑰ 下摆收 2.5cm。

⑱ 绘制侧缝弧线：过腰围点、臀围点。

⑲ 修正下摆圆角。

⑳ 绘制腰省：省大 2.5cm（图 5-91）。

㉑ 绘制左右片分割线。

㉒ 绘制里襟挡布：臀围线下10cm（图5-92）。

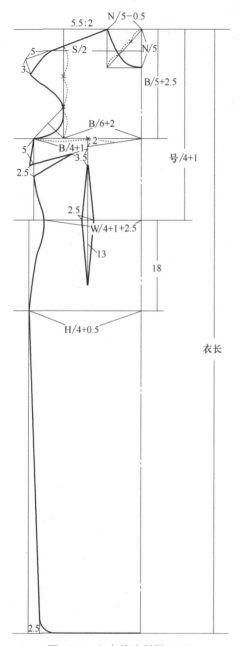

图 5-91 衣身前片制图（五）

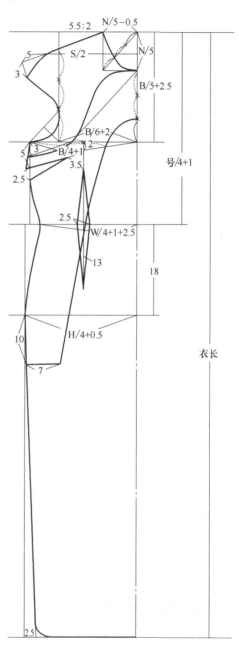

图 5-92 衣身前片制图（六）

（二）衣身后片制图

① 延长前片上平线、下平线、腰节线、臀围线。

② 袖窿深线下落2.5cm。

③ 绘制后片基础线（图 5-93）。

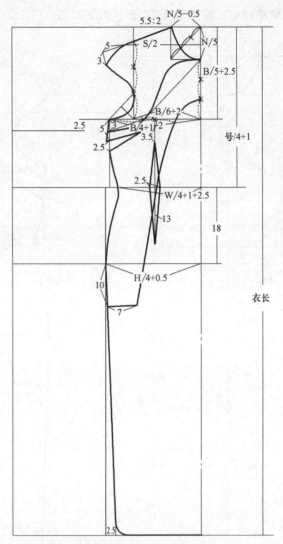

图 5-93　衣身后片制图（一）

④ 绘制后领辅助线：后领宽 N/5，后领深 2cm。

⑤ 绘制后肩斜线：6：2。

⑥ 找后肩宽点：S/2＋0.5cm。

⑦ 绘制后背宽线：B/6＋2.5cm。

⑧ 绘制后胸围线：B/4＋1cm（图 5-94）。

⑨ 绘制后领口弧线。

⑩ 延长肩线 5cm，下落 3cm。

⑪ 修正肩线。

⑫ 绘制后袖窿弧线（图 5-95）。

⑬ 绘制后臀宽线：H/4＋0.5cm。

⑭ 下摆收 2.5cm。

⑮ 找腰围点：W/4+1+2.5cm。

⑯ 绘制侧缝弧线。

⑰ 修正下摆圆角。

⑱ 绘制腰省：省大 2.5cm（图 5-96）。

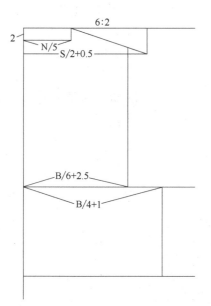

图 5-94　衣身后片制图（二）

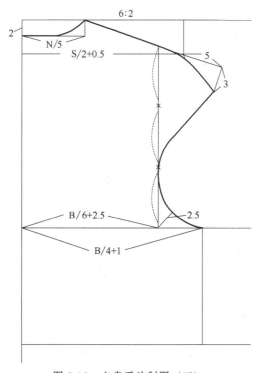

图 5-95　衣身后片制图（三）

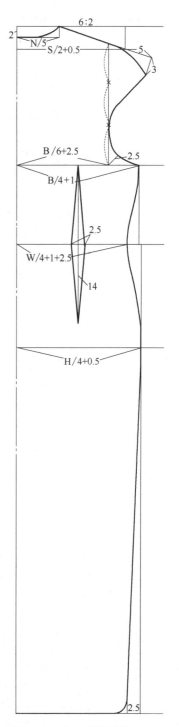

图 5-96　衣身后片制图（四）

（三）领子制图

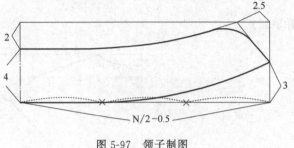

图 5-97　领子制图

① 绘制领底辅助线。

② 绘制后领中心辅助线。

③ 找领子起翘点：3cm。

④ 找领角点：2.5cm。

⑤ 领宽点：4cm。

⑥ 绘制起翘、领角辅助线。

⑦ 绘制领底弧线、领面弧线（图5-97）。

（四）结构完成图（图 5-98）

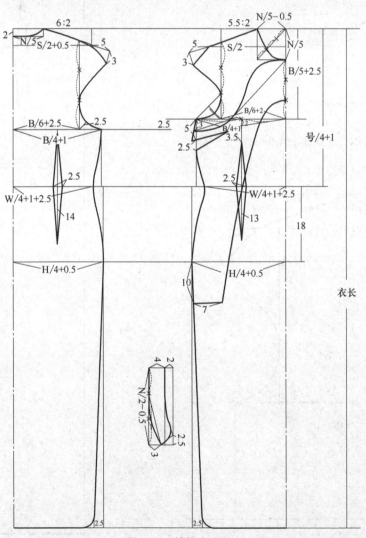

图 5-98　结构完成图

第九节
长袖立领旗袍制图

一、款式特征描述

① 长袖。

② 立领。

③ 前片两个腰省，后片两个腰省。

④ 胸围加放 4cm 放松量，腰围加放 4cm 放松量，臀围加放 4cm 放松量。

⑤ 合体结构。

二、制图规格

（1）选择号型　165/84A。

（2）成品规格

部位	衣长	胸围	腰围	臀围	肩宽	袖长	袖口宽	领围
规格/cm	120	84＋4	66＋4	88＋4	38	56	13	38

三、制图过程

（一）衣身前片制图

① 绘制基础线、上平线、下平线。

② 绘制袖窿深线：$B/5＋2.5cm$。

③ 绘制腰节线：号$/4＋1cm$。

④ 绘制臀围线：腰节线向下 18cm（图 5-99）。

⑤ 绘制前领口辅助线：前领口宽 $N/5－0.5cm$，前领口深 $N/5$。

⑥ 绘制前肩斜线：$5.5:2$。

⑦ 找肩宽点：前肩宽 $S/2$。

⑧ 绘制前胸宽线：$B/6＋2cm$。

⑨ 绘制前胸围线：$B/4＋1cm$（图 5-100）。

⑩ 绘制前领口弧线。

⑪ 绘制前袖窿弧线。

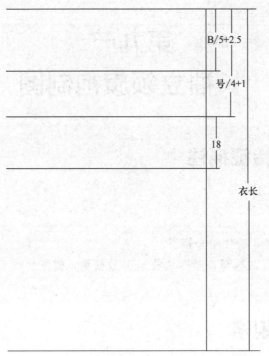

图 5-99　衣身前片制图（一）

⑫ 绘制侧缝省：省大 2.5cm（图 5-101）。

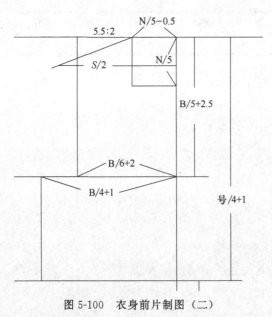

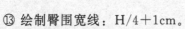

图 5-100　衣身前片制图（二）

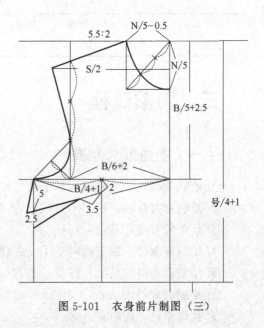

图 5-101　衣身前片制图（三）

⑬ 绘制臀围宽线：H/4＋1cm。

⑭ 找腰围点：W/4＋1＋2.5cm。

⑮ 下摆收 2.5cm。

⑯ 绘制侧缝弧线：过腰围点、臀围点。

⑰ 修正下摆圆角。

⑱ 绘制腰省：省大 2.5cm（图 5-102）。

⑲ 绘制左右片分割线。

⑳ 绘制里襟挡布：臀围线下 10cm（图 5-103）。

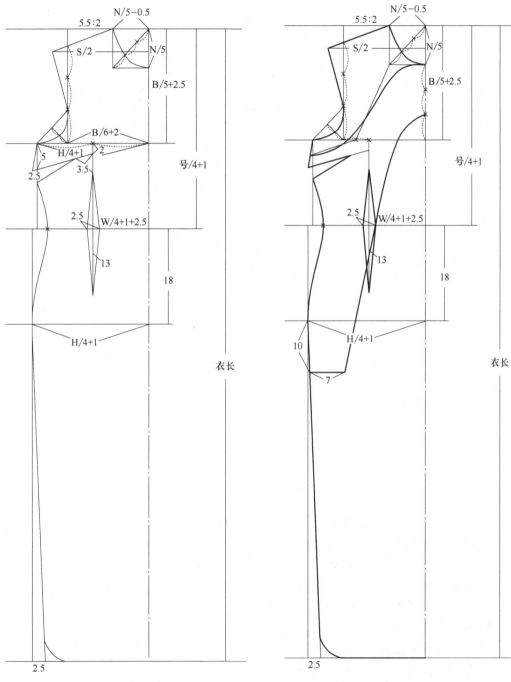

图 5-102　衣身前片制图（四）　　　　　图 5-103　衣身前片制图（五）

（二）衣身后片制图

① 延长前片上平线、下平线、腰节线、臀围线。

② 袖窿深线下落 2.5cm。

③ 绘制后片基础线（图 5-104）。

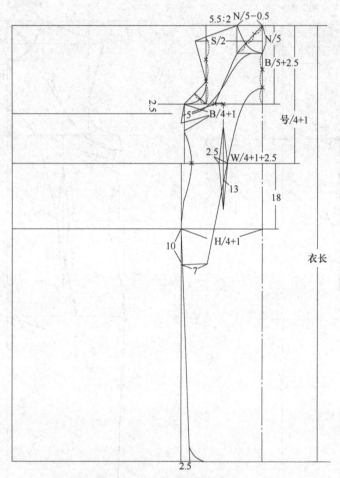

图 5-104　衣身后片制图（一）

④ 绘制后领辅助线：后领宽 N/5，后领深 2cm。

⑤ 绘制后肩斜线：6∶2。

⑥ 找后肩宽点：S/2+0.5cm。

⑦ 绘制后背宽线：B/6+2.5cm。

⑧ 绘制后胸围线：B/4+1cm（图 5-105）。

⑨ 绘制后领口弧线。

⑩ 绘制后袖窿弧线（图 5-106）。

⑪ 绘制后臀宽线：H/4+1cm。

⑫ 下摆收 2.5cm。

⑬ 找腰围点：$W/4+1+2.5cm$。

⑭ 绘制侧缝弧线。

⑮ 修正下摆圆角。

⑯ 绘制腰省：省大 $2.5cm$（图 5-107）。

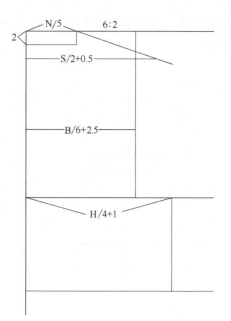

图 5-105　衣身后片制图（二）

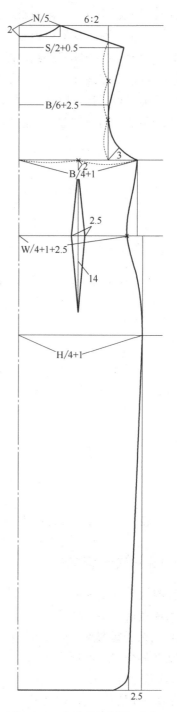

图 5-107　衣身后片制图（四）

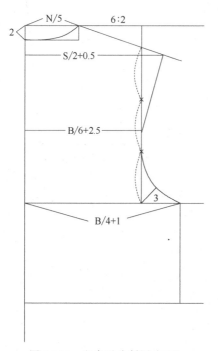

图 5-106　衣身后片制图（三）

（三）袖子制图

① 绘制袖子落山线、袖中线。

② 找袖山高点：AH/4＋3cm。

③ 绘制前后袖斜线：前袖斜线为 AH/2，后袖斜线为 AH/2＋0.5cm。

④ 绘制袖口线：从袖山顶点到袖口长度为袖长。

⑤ 绘制袖内外侧缝辅助线（图 5-108）。

⑥ 绘制袖山弧线。

⑦ 找袖口点：袖口宽。

⑧ 绘制袖子内外侧缝线（图 5-109）。

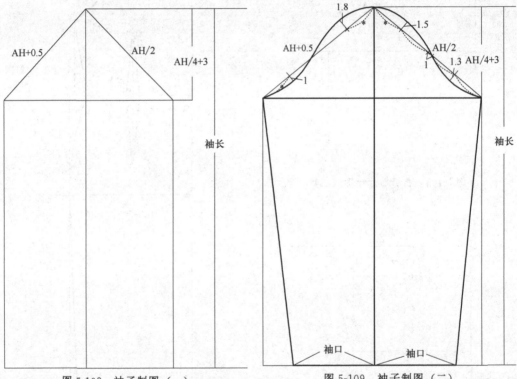

图 5-108　袖子制图（一）　　　　　　图 5-109　袖子制图（二）

（四）领子制图

① 绘制领底辅助线。

② 绘制后领中心辅助线。

③ 找领子起翘点：3cm。

④ 找领角点：2.5cm。

⑤ 领宽点：4cm。

⑥ 绘制起翘、领角辅助线。

⑦ 绘制领底弧线、领面弧线（图 5-110）。

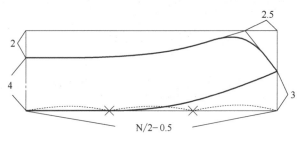

图 5-110　领子制图

（五）结构完成图（图 5-111）

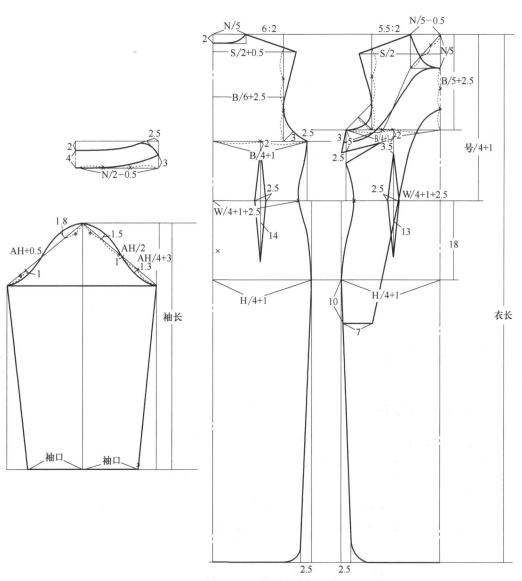

图 5-111　结构完成图

第十节
水滴型旗袍制图

一、款式特征描述

① 长袖。

② 立领。

③ 前领中心呈水滴型。

④ 前片两个腰省，后片两个腰省。

⑤ 胸围加放 4cm 放松量，腰围加放 4cm 放松量，臀围加放 4cm 放松量。

⑥ 合体结构。

⑦ 后背装拉链。

二、制图规格

(1) 选择号型　165/84A。

(2) 成品规格

部位	衣长	胸围	腰围	臀围	肩宽	袖长	袖口宽	领围
规格/cm	120	84+4	66+4	88+4	38	56	13	38

三、制图过程

（一）衣身前片制图

① 绘制基础线、上平线、下平线。

② 绘制袖窿深线：$B/5+2.5cm$。

③ 绘制腰节线：号$/4+1cm$。

④ 绘制臀围线：腰节线向下 18cm（图 5-112）。

⑤ 绘制前领口辅助线：前领口宽 $N/5-0.5cm$，前领口深 $N/5$。

⑥ 绘制前肩斜线：5.5：2。

⑦ 找肩宽点：前肩宽 $S/2$。

⑧ 绘制前胸宽线：$B/6+2cm$。

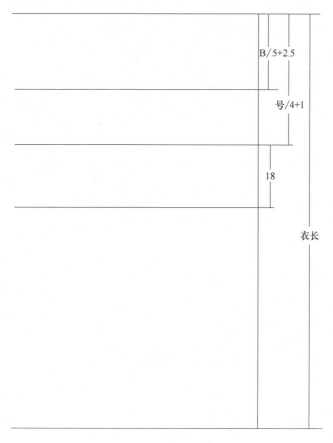

图 5-112　衣身前片制图（一）

⑨ 绘制前胸围线：B/4＋1cm（图 5-113）。

⑩ 绘制前领口弧线。

⑪ 绘制前袖窿弧线。

⑫ 绘制侧缝省：省大 2.5cm（图 5-114）。

⑬ 绘制臀围宽线：H/4＋1cm。

⑭ 找腰围点：W/4＋1＋2.5cm。

⑮ 下摆收 2.5cm。

⑯ 绘制侧缝弧线：过腰围点、臀围点。

⑰ 修正下摆圆角。

⑱ 绘制腰省：省大 2.5cm（图 5-115）。

⑲ 绘制前中心水滴造型（图 5-116）。

（二）衣身后片制图

① 延长前片上平线、下平线、腰节线、臀围线。

② 袖窿深线下落 2.5cm。

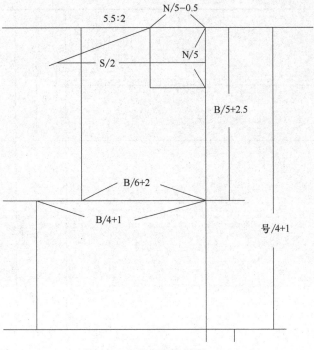

图 5-113　衣身前片制图（二）

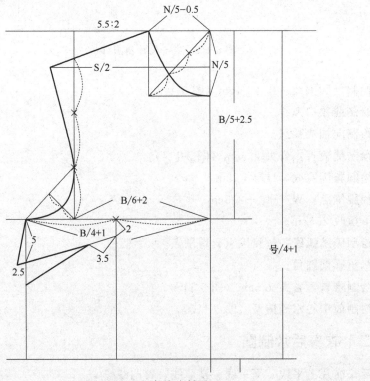

图 5-114　衣身前片制图（三）

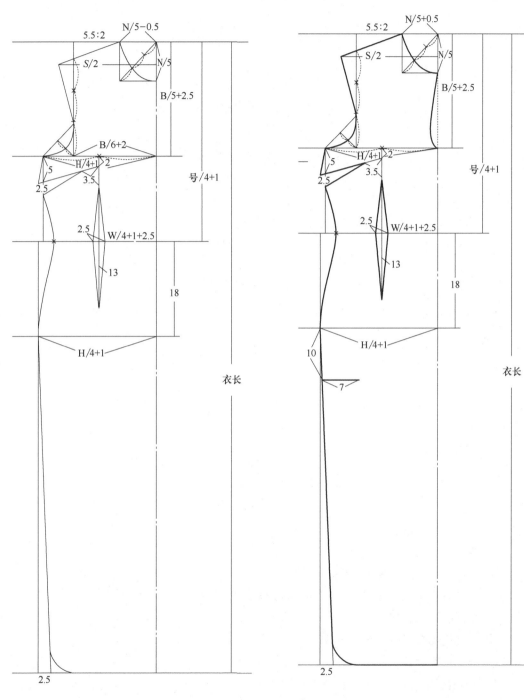

图 5-115　衣身前片制图（四）　　　　　　图 5-116　衣身前片制图（五）

③ 绘制后片基础线（图 5-117）。

④ 绘制后领辅助线：后领宽 N/5，后领深 2cm。

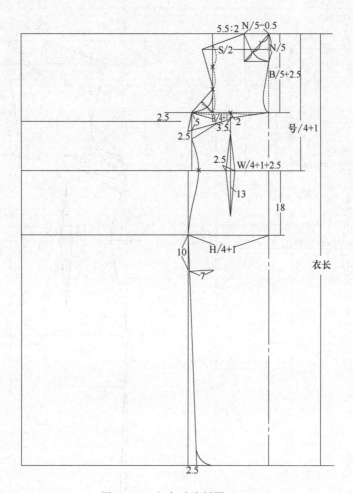

图 5-117　衣身后片制图（一）

⑤ 绘制后肩斜线：6∶2。

⑥ 找后肩宽点：S/2＋0.5cm。

⑦ 绘制后背宽线：B/6＋2.5cm。

⑧ 绘制后胸围线：B/4＋1cm（图 5-118）。

⑨ 绘制后领口弧线。

⑩ 绘制后袖窿弧线（图 5-119）。

⑪ 绘制后臀宽线：H/4＋1cm。

⑫ 下摆收 2.5cm。

⑬ 找腰围点：W/4＋1＋2.5cm。

⑭ 绘制侧缝弧线。

⑮ 修正下摆圆角。

⑯ 绘制腰省：省大 2.5cm（图 5-120）。

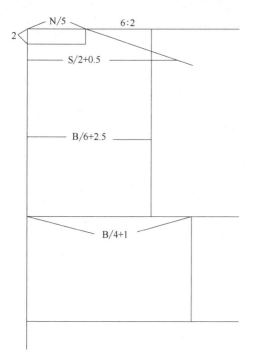

图 5-118 衣身后片制图（二）

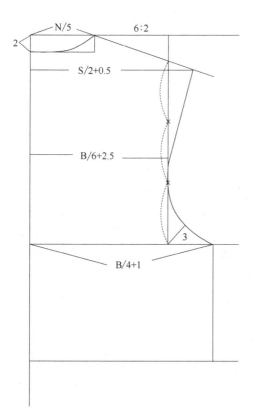

图 5-119 衣身后片制图（三）

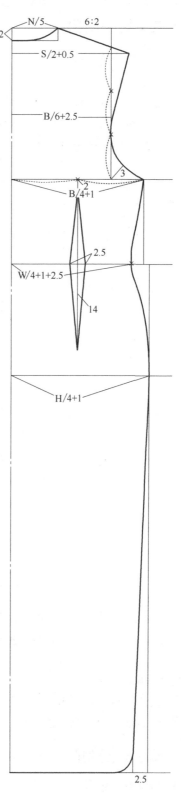

图 5-120 衣身后片制图（四）

（三）袖子制图

① 绘制袖子落山线、袖中线。

② 找袖山高点：AH/4＋3cm。

③ 绘制前后袖斜线：前袖斜线为 AH/2，后袖斜线为 AH/2＋0.5cm。

④ 绘制袖口线：从袖山顶点到袖口长度为袖长。

⑤ 绘制袖内外侧缝辅助线（图 5-121）。

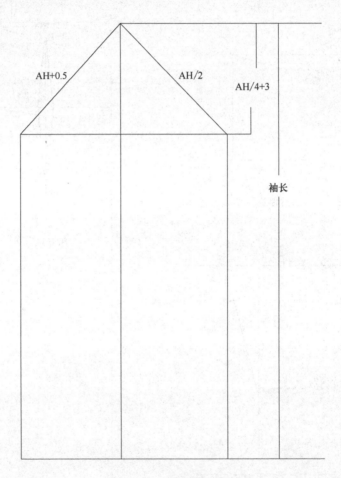

图 5-121　袖子制图（一）

⑥ 绘制袖山弧线。

⑦ 找袖口点：袖口宽。

⑧ 绘制袖子内外侧缝线（图 5-122）。

（四）领子制图

① 绘制领底辅助线。

② 绘制后领中心辅助线。

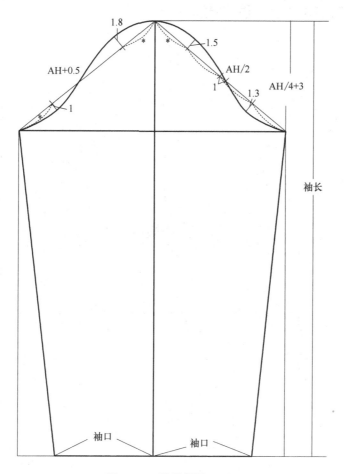

图 5-122　袖子制图（二）

③ 找领子起翘点：3cm。

④ 找领角点：2.5cm。

⑤ 领宽点：4cm。

⑥ 绘制起翘、领角辅助线。

⑦ 绘制领底弧线、领面弧线（图 5-123）。

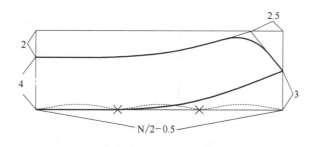

图 5-123　领子制图

（五）结构完成图（图 5-124）

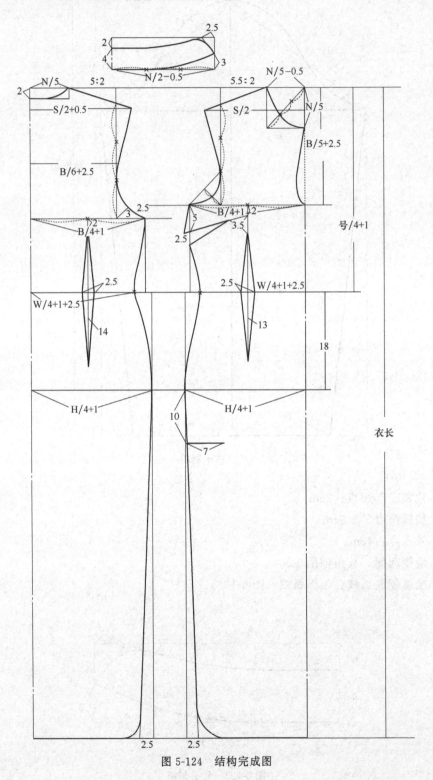

图 5-124　结构完成图

第六章
女装综合板型设计

一、连衣裙样板设计（一）

1. 款式结构

贴身造型，普通 V 领，前后袖窿公主线，小包袖，裙长在膝围线上。

2. 面料与辅料

（1）面料　无弹力普通机织面料。

（2）里料　丝光布。

（3）辅料　无纺衬。

3. 打板规格（表 6-1）

表 6-1　打板规格

部位	公制单位/cm				英制单位/in			
	体型	加放数	成品	档差	体型	加放数	成品	档差
身高	163（不含鞋）			5	64（不含鞋）			2.5
胸围	86（含文胸）	+3	89	4	34（含文胸）	+1	35	2
腰围	65	+8	73	4	25.5	+3.5	28	2
臀围	90		94	4	35.5		36	2
肩宽	39		39	1	15.25		15.25	0.5
裙长	颈膝 100	−3	97	2.8	颈膝 39.375	−1.375	38	1.375
袖长			8				3	
袖窿弧长	臂根围 38		38	2	臂根围 15		15	1

4. 公司制单尺寸参考（表 6-2）

表 6-2　公司制单尺寸参考

部位	公制单位/cm				英制单位/in			
	S	M	L	档差	S	M	L	档差
胸围	85	89	93	4	33	35	37	2
腰围	69	73	77	4	26	28	30	2

续表

部位	公制单位/cm				英制单位/in			
	S	M	L	档差	S	M	L	档差
臀围	90	94	98	4	34	36	38	2
肩宽	38	39	40	1	14.75	15.25	15.75	0.5
裙长	95.5	97	98.5	1.5	37.5	38	38.5	0.5
袖长	8	8	8	0	3	3	3	0
袖窿弧长	37	38	39	1	14.5	15	15.5	0.5

5. 重点与技巧

（1）后领宽　V领领宽是根据服装风格款式进行设计的，通常不小于18cm，不大于25cm。

（2）前领宽、前领深　为了使前领贴身，前领宽比后领宽小0.3cm。前领深通常采用19cm，若要经过收缩处理，则要深0.5～1.5cm。

（3）后肩宽　由于连衣裙面料一般偏薄，通常采用体型尺寸39cm制板。

（4）前袖窿深　有袖成年装，其前袖窿深一般采用22cm，少女装采用20cm。没袖成年装，其前袖窿深一般采用21cm，少女装采用19cm。有袖的前袖窿深比没袖的前袖窿深长1～2cm。

（5）背长　背长是一个固定的数据，在制作板型时，为了符合人体曲线，通常加0.5～1.5cm制板。

（6）胸长　胸长是一个灵活的尺寸，随胸省大小而变化。通常在进行少女装结构制板时，胸长采用尺寸应偏大些。

（7）腰长　腰长是指腰节线至臀围线的长度，是一个固定的数值，不随款式、面料而变化，无论连衣裙长短，首先要设计好腰长。

（8）胸省　胸省根据乳房大小以及造型进行设计。通常成年装采用2.5～3cm，少女装采用3～4cm。

（9）裙长　少女装连衣裙裙长尺寸偏短，一般短于颈膝的尺寸，通常86～96cm。成年装连衣裙裙长尺寸偏长，一般长于颈膝，通常为104～134cm。

（10）摆边起翘量　连衣裙摆边起翘量无固定尺寸，裙摆偏大起翘量偏大，裙摆偏小起翘量偏小。摆边线要同侧缝线呈90°，保持摆边圆顺。由于连衣裙裙长低过臀部，所以连衣裙摆边起翘量不分前后。

（11）袖长　小包袖袖长宜短不宜长，一般在10cm以内。

6. 连衣裙制图

（1）选择号型　160/84A（M）。

（2）制图规格

部位	裙长	胸围	背长	肩宽	臀围	袖长	腰围	袖窿弧长
规格/cm	97	89	38	38	94	8	73	38

（3）制图公式

① 裙长：97cm。

② 袖窿深线：22cm。

③ 腰节线：背长＋1＝39cm。

④ 腰长：19cm（实测）。

⑤ 前领宽：9cm。

⑥ 前领深：15cm。

⑦ 后领宽：9.5cm。

⑧ 后领深：2cm。

⑨ 前落肩：5.8：2。

⑩ 后落肩：7：2。

⑪ 前后肩宽：S/2＝19.5cm。

⑫ 前胸宽：B/6＋3＝18cm。

⑬ 后背宽：B/6＋4.5＝19.5cm。

⑭ 前后身宽：B/4＝22.25cm。

⑮ 前后腰围大：W/2＋省（4）＝22.25cm。

⑯ 前后臀围大：H/4＋1＝24.5cm。

⑰ 袖山高：12cm。

⑱ 前袖斜线：前 AH－0.6＝17.4cm。

⑲ 后袖斜线：后 AH－0.6＝19.4cm。

⑳ 袖长：8cm。

（4）制图（图 6-1）

二、连衣裙样板设计（二）

1. 款式结构

普通腰位剪接型连衣裙，收腰较合体型，小翻领带领座，一片袖。

2. 面料与辅料

（1）面料　无弹力普通机织面料。

（2）里料　丝光布。

（3）辅料　无纺衬、纽扣 4 颗、带夹 1 个。

3. 打板规格

参见表 6-1。

4. 公司制单尺寸参考

参见表 6-2。

5. 重点与技巧

（1）前后领宽、领深　基本和原型保持一致。

（2）肩宽　由于连衣裙面料一般偏薄，通常采用体型尺寸 39cm 制板。

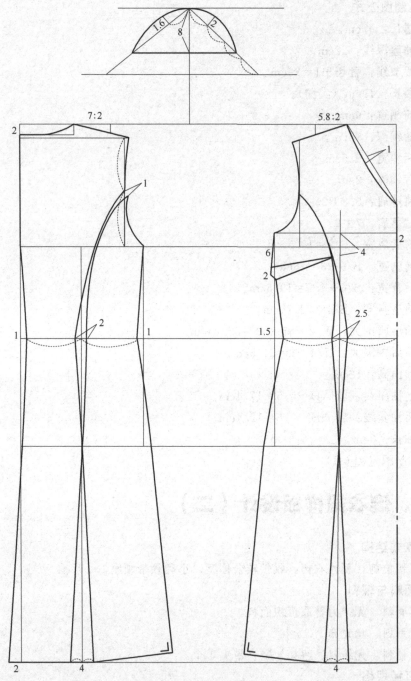

图 6-1　连衣裙纸样设计（一）

（3）前袖窿深　有袖成年装，其前袖窿深一般采用 22cm，少女装采用 20cm。没袖成年装，其前袖窿深一般采用 21cm，少女装采用 19cm。有袖的前袖窿深比没袖的前袖窿深长 1～2cm。

（4）背长　背长是一个固定的数据，在制作板型时，为了符合人体曲线，通常加 0.5～1.5cm 制板。

（5）胸长 胸长是一个灵活的尺寸，随胸省大小而变化。通常在进行少女装结构制板时，胸长采用尺寸应偏大些。

（6）腰长 腰长是指腰节线至臀围线的长度，是一个固定的数值，不随款式、面料而变化，无论连衣裙长短，首先要设计好腰长。

（7）胸省 胸省根据乳房大小以及造型进行设计。通常成年装采用2.5～3cm，少女装采用3～4cm。

（8）裙长 少女装连衣裙裙长尺寸偏短，一般短于颈膝的尺寸，通常86～96cm。成年装连衣裙裙长尺寸偏长，一般长于颈膝，通常为104～134cm。

（9）摆边起翘量 连衣裙摆边起翘量无固定尺寸，裙摆偏大起翘量偏大，裙摆偏小起翘量偏小。摆边线要同侧缝线呈90°，保持摆边圆顺。由于连衣裙裙长低过臀部，所以连衣裙摆边起翘量不分前后。

6. 连衣裙制图

（1）选择号型 160/84A（M）。

（2）制图规格

部位	裙长	胸围	背长	肩宽	臀围	袖长	腰围	领围	翻领	领座
规格/cm	90	89	38	38	94	54	73	38	4	3

（3）制图公式

① 裙长：90cm。

② 袖窿深线：22cm。

③ 腰节线：背长＋1＝39cm。

④ 腰长：19cm（实测）。

⑤ 前领宽：$N/5-0.5=7.1$cm。

⑥ 前领深：$N/5=7.6$cm。

⑦ 后领宽：$N/5=7.6$cm。

⑧ 后领深：2cm。

⑨ 前落肩：5.8∶2。

⑩ 后落肩：7∶2。

⑪ 前后肩宽：$S/2=19.5$cm。

⑫ 前胸宽：$B/6+3=18$cm。

⑬ 后背宽：$B/6+4.5=19.5$cm。

⑭ 前后身宽：$B/4=22.25$cm。

⑮ 前后腰围大：$W/2+省（4）=22.25$cm。

⑯ 前后臀围大：$H/4+1=24.5$cm。

⑰ 袖山高：12cm。

⑱ 前袖斜线：前$AH-0.6=17.4$cm。

⑲ 后袖斜线：后$AH-0.6=19.4$cm。

⑳ 袖长：54cm。

（4）制图（图 6-2）

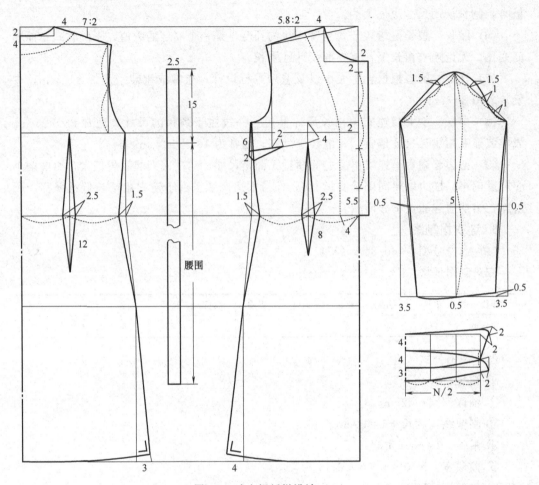

图 6-2　连衣裙纸样设计（二）

三、连衣裙样板设计（三）

1. 款式结构
低腰位型连衣裙，上身收腰较合体型，下身为波浪褶设计，插肩袖，无领。

2. 面料与辅料
（1）面料　无弹力普通机织面料。

（2）里料　丝光布。

（3）辅料　无纺衬、拉链 1 根。

3. 打板规格
参见表 6-1。

4. 公司制单尺寸参考
参见表 6-2。

5. 重点与技巧

(1) 前后领宽 加大 4cm。

(2) 前领深 数值不变，收撇胸 2cm；后领深挖进 1.5cm。

(3) 前后肩宽 由于连衣裙面料一般偏薄，通常肩宽采用体型尺寸 39cm 制板，本款为插肩袖样式，前后小肩为 6cm。

(4) 前袖窿深 有袖成年装，其前袖窿深一般采用 22cm，少女装采用 20cm。没袖成年装，其前袖窿深一般采用 21cm，少女装采用 19cm。有袖的前袖窿深比没袖的前袖窿深长 1~2cm。

(5) 背长 背长是一个固定的数据，在制作板型时，为了符合人体曲线，通常加 3~5cm 制板。

(6) 胸长 胸长是一个灵活的尺寸，随胸省大小而变化。通常在进行少女装结构制板时，胸长采用尺寸应偏大些。

(7) 腰长 腰长是指腰节线至臀围线的长度，是一个固定的数值，不随款式、面料而变化，无论连衣裙长短，首先要设计好腰长。

(8) 胸省 胸省根据乳房大小以及造型进行设计。通常成年装采用 2.5~3cm，少女装采用 3~4cm。

(9) 裙长 一般短于颈膝的尺寸，通常 86~96cm。

6. 连衣裙制图

(1) 选择号型 160/84A（M）。

(2) 制图规格

部位	裙长	胸围	背长	肩宽	臀围	袖长	腰围	腰长
规格/cm	85	89	38	38	94	15	73	15

(3) 制图公式

① 裙长：85cm。

② 袖窿深线：22cm。

③ 腰节线：背长－1＝37cm。

④ 腰长：15cm。

⑤ 前领宽：10cm。

⑥ 前领深：8cm。

⑦ 后领宽：10cm。

⑧ 后领深：3cm。

⑨ 前落肩：5.8∶2。

⑩ 后落肩：7∶2。

⑪ 前后肩宽：S/2＝19.5cm。

⑫ 前胸宽：B/6＋3＝18cm。

⑬ 后背宽：B/6＋4.5＝19.5cm。

⑭ 前后身宽：B/4＝22.25cm。

⑮ 前后腰围大：W/2＋省（4）＝22.25cm。

⑯ 前后臀围大：H/4＝23.5cm。

⑰ 袖山高：10cm。

⑱ 袖长：15cm。

（4）制图（图 6-3）

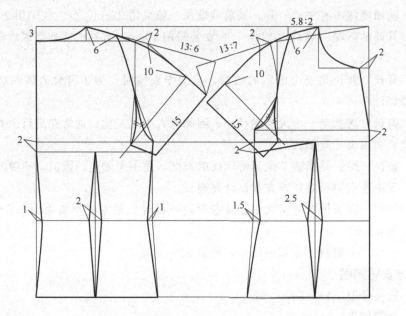

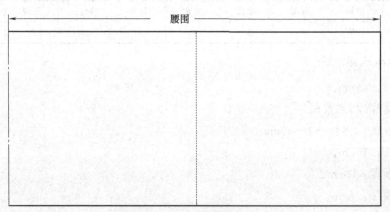

图 6-3　连衣裙纸样设计（三）

四、女衬衣样板设计（一）

1. 款式结构

贴身造型，收直胸省，连领座关门领，前开门五粒纽扣，袖子一片式，衣长在臀围线上。

2. 面料与辅料

（1）面料 普通机织面料。

（2）辅料 无纺衬、纽扣 7 颗。

3. 打板规格（表6-3）

表6-3 打板规格

部位	公制单位/cm				英制单位/in			
	体型	加放数	成品	档差	体型	加放数	成品	档差
身高	163（不含鞋）			5	64（不含鞋）			2.5
胸围	86（含文胸）	+3	89	4	34（含文胸）	+1	35	2
腰围	65	+8	72	4	25.5	+3	28.5	2
摆围	90		91	4	35.5		36	2
肩宽	39	−1	38	1	15.25	−0.25	15	0.5
领围	颈围 31	+7	38	1	颈围 12	+3	15	0.5
衣长	颈臀 60	−2.5	57.5	1.5	颈臀 23.5	−0.875	22.625	0.75
袖长	臂长 53	+4	57	1.5	臂长 20.75	1.75	22.5	0.75
袖隆弧长	臂根围 38	+6	44	2	臂根围 15	2.5	17.5	1
袖口围	腕围 17	+2	19	1	腕围 6.5	1	7.5	0.5

4. 公司制单尺寸参考（表6-4）

表6-4 公司制单尺寸参考

部位	公制单位/cm				英制单位/in			
	S	M	L	档差	S	M	L	档差
胸围	85	89	93	4	33	35	37	2
腰围	68	72	76	4	26.5	28.5	30.5	2
摆围	87	91	95	4	34	36	38	2
肩宽	37	38	39	1	14.5	15	15.5	0.5
领围	37.5	38	38.5	0.5	14.75	15	15.25	0.25
衣长	57	57.5	58	0.5	22.375	22.625	22.875	0.25
袖长	56.5	57	57.5	0.5	22.25	22.5	22.75	0.25
袖隆弧长	43	44	45	1	17	17.5	18	0.5
袖口围	18.5	19	19.5	0.5	7.25	7.5	7.75	0.25

5. 重点与技巧

（1）后领宽 后领宽＝（颈宽 14cm＋松量 2.5cm）/2，与前领深成正比。领宽尺寸不能偏大，偏大领窝会出现不圆顺现象，影响领型美观。

（2）前领宽 为使前领窝贴身，前领宽通常比后领宽小 0.3cm。

（3）后肩宽　后片应该设计一个 1.5～2cm 的肩省，背部才贴身。为了板型美观，通常采用小肩收省的方法（即前小肩小于后小肩宽），而取消肩省。前小肩与后小肩尺寸之差不可过大，尺寸过大，经车缝后小肩会出现波浪皱纹现象。薄面料宜小一些，厚面料宜大一些，一般在 0.3～0.6cm。

（4）袖窿弧长　一般休闲宽松款式通常取胸围一半尺寸作为袖窿弧长。贴身款式要根据模特臂根围加放松量来设计，一般在臂根围尺寸上加 4～6cm，也可以取胸围一半减 0.5～2cm 作为袖窿弧长。

（5）前袖窿深　袖窿深是个灵活的尺寸，不与胸围成固定比例。袖窿深与款式风格、袖窿弧长、面料有无弹力、肩斜度以及胸围放松量等相关。如同样胸围尺寸的衬衫，因款式风格不同，其袖窿弧长也就不同，袖窿深就会有很大差距。现在市场上流行的有弹力面料，弹力大的面料，胸围放松量小一些；弹力小的面料，胸围放松量大一些。胸围大小不同，袖窿深就不同，袖窿弧线弯度凹势也就不同。以上这些因素都会影响到袖窿深，在设计袖窿深之前，首先要设计袖窿弧长。袖窿深尺寸一般为袖窿弧长的一半。

（6）背长（后腰节线）　背长是指人体第七椎点至腰围线的长度，是一个固定的数值，在板型制作中变化很小，通常在制作板型时以背长尺寸为准。为了适应大多数体型，有时会加 0.5～1.5cm 的松量。我国及东南亚国家的体型，背长约占身高的 25.5%（即身高为 163cm，背长为 38cm）。在制作欧美及其他国家或地区的体型板型时，先要参考其国家或地区的体型来制板，适当调整背长数据。

（7）胸长（前腰节线）　胸长是个灵活的尺寸，随胸省大小（乳房大小）而变化，同时还与板型制作方法及面料弹力大小有关。因款式需要，为使前袖窿贴身，通常采用袖窿设暗省的处理方法，即减短 0.5～1cm 前袖窿弧长，这样胸长尺寸也会减短0.5～1cm。

（8）腰长　腰长是指腰节线至臀围线的长度，是一个固定的数值，随身高不同而变化。贴身衬衫其衣长设计大都在臀围线以上，制板时要先制作出臀围线，然后定出衣长（切去衣服长度以下至臀围线部分纸型）。

（9）胸省　胸省是根据乳房大小以及造型来设计的，我国及东南亚国家体型，宽松、休闲的款式，其侧缝省一般采用 2～2.5cm；贴身款式，其侧缝省一般采用 3cm。乳房偏大的少女体型，其侧缝省一般采用 4cm（不含前中转向胸省的量）。

（10）前腰省　前腰省不宜过大，通常在 2cm 之内，尺寸过大胸部会出现不平顺的现象，特别是将胸省转到腰省的板型。除贴身款式，胸腰差在 13cm 之内，不设前腰省。上半节省长距 BP 点一般不少于 3cm，当前腰省尺寸偏大，距 BP 点可以少至 2cm。下半节省长一般距臀围线不能少于 5cm，当前腰省尺寸偏大，可以相应长一些。为了省线美观，通常偏向侧缝 1～2cm 制板，不会正对 BP 点画腰省。

（11）后腰省　后腰省尺寸要根据胸腰差来设计，同时还要考虑款式造型，如后中破开的款式，由于后中可以设暗省，后腰省尺寸可小些。一般胸腰差为 18～20cm，腰省尺寸采用 2.5～3cm；胸腰差为 13～16cm，后腰省尺寸采用 2～2.5cm；后中破开的款式后中可以设暗省 1cm 左右，要适量减小后腰省尺寸。后腰省上节省长应该说是一个固定的数值，它与胸围线高低（袖窿深线）无关，与省大小有关，省大则画长1～2cm，省小则画短1～2cm。上节省长通常在14cm左右，下节省长也一样，但省尖点距臀围线一般不能少于4cm。

（12）衣长 衣长尺寸应该以后中长为标准，不能以前片总长为标准，因为乳房部位会影响前片尺寸的标准性。乳房偏大，前长则长；乳房偏小，前长则短。但多数企业为了方便测量，通常以前片总长定标准。衣长是根据款式造型、风格来设计的，一般贴身款式服装的衣长至臀围线以上，不要低于臀围线。

（13）前片摆边起翘量 前片摆边起翘量跟胸省、腰省的大小和服装的造型有密切关系。胸省、腰省偏大，起翘量宜小，一般采用0.5～1cm；胸省、腰省偏小，起翘量宜大，一般采用1.5～2cm。

（14）后片摆边起翘量 后片摆边起翘量跟腰省大小和服装的造型有密切关系。后腰省偏大，起翘量宜小，一般采用0.3～0.5cm；后腰省偏小或无后腰省，起翘量宜大，一般采用0.5～1cm。

（15）袖长 长袖以臂长（肩端点至腕围线）加松量为标准，一般长袖衬衫采用臂长53cm+7cm松量。中袖以肘长加松量为标准，一般中袖衬衫采用肘长30cm+10cm松量，中袖长不宜设计在肘长长度位置，因为肘长位置是运动点，会影响手臂活动及美观。短袖长是根据服装款式造型、风格来设计的，现代短袖宜短不宜长，一般在18cm以内。

（16）袖口 衬衫袖口有两种，一种是敞袖口，另一种是扣袖口。敞袖口采用掌围加松量，一般以掌围21cm加2～5cm松量。扣袖口采用腕围加松量，一般以腕围17cm加2～3cm松量。

（17）袖宽 袖宽在一些企业中也叫袖肥。袖宽是一个重要的部位，采用尺寸要适中，尺寸过小会影响穿着，因为没有修改机会，会给企业带来损失；尺寸过大会影响整个服装造型，特别是品牌服装。一般贴身款式衬衫袖宽松量在4cm左右。弹力较大的面料其松量可以小到2cm。

（18）袖山 袖山与袖窿弧长成一定比例。贴身衬衫袖窿弧长44cm，袖山宜采用14cm，袖窿弧长与袖的档差比为2:0.5，就是说袖窿弧长增加2cm，袖山增加0.5cm；袖窿弧长减小2cm，袖山减小0.5cm。这个比例是科学有效的数据，可以保持袖子与衣服穿着时的角度，不会因袖窿弧长尺寸而影响袖子与服装穿着时的角度。

6. 女衬衣制图

（1）选择号型 160/84A（M）。

（2）制图规格

部位	衣长	胸围	背长	摆围	肩宽	腰围	袖长	领围	翻领	领座
规格/cm	57.5	89	38	91	38	72	57	38	5	3

（3）制图公式

① 衣长：57.5cm。

② 袖窿深线：22cm。

③ 腰节线：背长＋1＝39cm。

④ 前领宽：N/5－0.5＝7.1cm。

⑤ 前领深：N/5＝7.6cm。

⑥ 后领宽：N/5＝7.6cm。

⑦ 后领深：2cm。

⑧ 前落肩：5.8：2。

⑨ 后落肩：7：2。

⑩ 前肩宽：S/2＝19.5cm。

⑪ 后小肩：前小肩＋0.5cm。

⑫ 前胸宽：B/6＋2.5＝17.5cm。

⑬ 后背宽：B/6＋3.5＝18.5cm。

⑭ 前后身宽：B/4＝22.25cm。

⑮ 前后腰围大：W/2＋省（4）＝22.25cm。

⑯ 前后摆围大：摆围/4＋1＝23.75cm。

⑰ 袖山高：14cm。

⑱ 袖长：57cm。

⑲ 前袖斜线：前AH－0.6＝18cm。

⑳ 后袖斜线：后AH－0.6＝19.4cm。

（4）制图（图6-4）

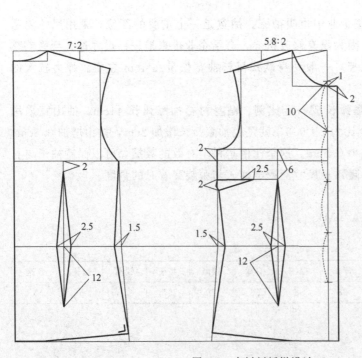
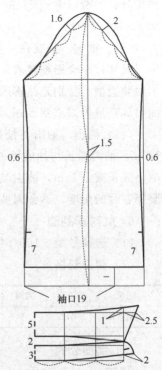
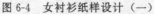

图6-4　女衬衫纸样设计（一）

五、女衬衣样板设计（二）

1. 款式结构

贴身造型，收直胸省，连领座关门领，前开门五粒纽扣，七分袖，衣长在臀围线上5cm处。

2. 面料与辅料

（1）面料　普通机织面料。

（2）辅料　无纺衬、纽扣5颗。

3. 打板规格（表6-5）

表6-5　打板规格

部位	公制单位/cm				英制单位/in			
	体型	加放数	成品	档差	体型	加放数	成品	档差
身高	163（不含鞋）			5	64（不含鞋）			2.5
胸围	86（含文胸）	+3	89	4	34（含文胸）	+1	35	2
腰围	65	+6	71	4	25.5	+2.5	28	2
摆围	90		87	4	35.5−1		34	2
肩宽	39−2		37	1	15.25−0.5		14.5	0.5
领围	颈围31	+4.5	35.5	1	颈围12	+2	14	0.5
衣长	颈臀60	−5	55	1.5	颈臀23.5	−1.75	21.75	0.75
袖长	臂长53		40	1	臂长20.75		15.5	0.375
袖窿弧长	臂根围38−3	+5	40	2	臂根围15−1	+1.75	15.75	1
袖口围	小臂围24−2	+3	25	1	小臂围9.5−1	+1.5	10	0.5

4. 公司制单尺寸参考（表6-6）

表6-6　公司制单尺寸参考

部位	公制单位/cm				英制单位/in			
	S	M	L	档差	S	M	L	档差
胸围	85	89	93	4	33	35	37	2
腰围	67	71	75	4	26	28	30	2
摆围	83	87	91	4	32	34	36	2
肩宽	36	37	38	1	14	14.5	15	0.5
领围	35.5	35.5	35.5	0	14	14	14	0
衣长	55	55	55	0	21.75	21.75	21.75	0
袖长	40	40	40	0	15.5	15.5	15.5	0
袖窿弧长	39	40	41	1	15.25	15.75	16.25	0.5
袖口围	25	25	25	0	10	10	10	0

5. 重点与技巧

（1）后领宽　后领宽通常采用基本型后领宽尺寸，即模特颈宽 14cm＋1.5cm 松量，再除以 2。

（2）前领深　少女装衬衫前领深与后领宽成正比，尺寸基本相等。

（3）后肩宽　少女装后肩宽尺寸一般比成年装小 1.5～2cm。

（4）袖窿弧长　少女装袖窿弧长小于成年装袖窿弧长。一般休闲宽松款式取 B/2 减 1～2cm 作为袖窿弧长。贴身款式取 B/2 减 4～5cm 作为袖窿弧长。

（5）前袖窿深　一般取袖窿弧长/2 作为前袖窿深尺寸。

（6）背长（后腰节线）　背长是一个固定的数值，在制作板型时，为了符合人体曲线，通常加 0.5～1.5cm 制板。

（7）胸长（前腰节线）　胸长是一个灵活的尺寸，随胸省大小（乳房大小）而变化。通常少女装胸长采用尺寸比成年装长一些。

（8）腰长　腰长是指腰节线至臀围线的长度，是一个固定的数值，无论衣服长短，首先要确定好腰长。

（9）侧缝省　侧缝省是根据乳房大小以及造型进行设计的，通常少女装采用 3～4.5cm（不含前中转向胸省量）。

（10）衣长　少女装衣长尺寸宜短不宜长，通常采用 48～60cm。

（11）袖长　少女装袖长与成年装基本相同。一般长袖衬衫采用臂长 53cm＋7cm 松量计算。中袖采用肘长加松量为标准，一般中袖衬衫采用肘长 30cm＋10cm 松量计算。短袖宜短不宜长，一般在 15cm 以内，短于成年装。

（12）袖口　少女装衬衫袖口通常为敞袖口，采用尺寸比成年装小 1～2cm。

（13）袖宽　由于少女体型中肥胖型偏少，少女装袖宽尺寸采用相应要小些。

（14）袖山　袖山与袖宽是互相影响的。当袖山采用尺寸偏小时，袖宽会变大；当袖山采用尺寸偏大时，袖宽会变小。特别是袖窿弧长偏小的贴身款式，袖宽尺寸宜大不宜小。偏小袖宽尺寸会影响穿着，严重影响产品销量。

6. 女衬衣制图

（1）选择号型　160/84A（M）。

（2）制图规格

部位	衣长	胸围	背长	摆围	肩宽	腰围	袖长	领围	翻领	领座
规格/cm	55	89	38	87	37	71	40	38	4.5	3

（3）制图公式

① 衣长：50cm。

② 袖窿深线：20cm。

③ 腰节线：背长＋0.5＝38.5cm。

④ 前领宽：N/5－0.5＝7.1cm。

⑤ 前领深：N/5＝7.6cm。

⑥ 后领宽：N/5＝7.6cm。

⑦ 后领深：2cm。

⑧ 前落肩：5.8：2。

⑨ 后落肩：7：2。

⑩ 前肩宽：S/2＝18.5cm。

⑪ 后小肩：前小肩＋0.5cm。

⑫ 前胸宽：B/6＋2.5＝17.5cm。

⑬ 后背宽：B/6＋3.5＝18.5cm。

⑭ 前后身宽：B/4＝22.25cm。

⑮ 前后腰围大：W/2＋省（8）＝26.25cm。

⑯ 前后摆围大：摆围14＋1＝22.75cm。

⑰ 袖山高：13cm。

⑱ 袖长：40cm。

⑲ 前袖斜线：前AH－0.6＝19cm。

⑳ 后袖斜线：后AH－0.6＝18.5cm。

（4）制图（图6-5）

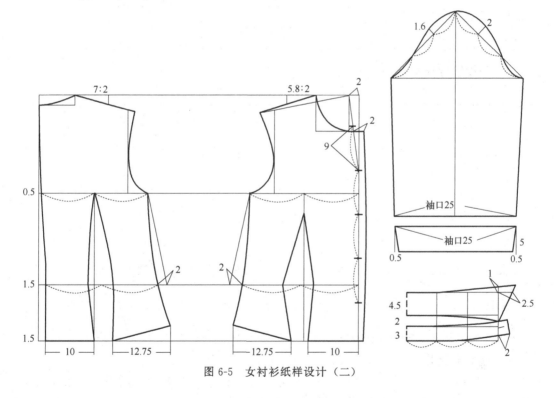

图6-5　女衬衫纸样设计（二）

六、女衬衣样板设计（三）

1. 款式结构

松身造型，收直胸省，连领座关门领，前开门五粒纽扣，袖子一片式，圆底摆。

2. 面料与辅料

（1）面料　普通机织面料。

（2）辅料　无纺衬、纽扣 5 颗。

3. 打板规格（表 6-7）

表 6-7　打板规格

部位	公制单位/cm				英制单位/in			
	体型	加放数	成品	档差	体型	加放数	成品	档差
身高	163(不含鞋)			5	64(不含鞋)			2.5
胸围	86(含文胸)	+6	92	4	34(含文胸)	+3	37	2
腰围	65	+10	75	4	25.5	+5	30.5	2
摆围	90		96	4	35.5		38	2
肩宽	39	−1	38	1	15.25	−0.25	15	0.5
领围	颈围31	+7	38	1	颈围12	+3	15	0.5
衣长	颈臀60	−2.5	57.5	1.5	颈臀23.5	−0.875	22.625	0.75
袖长	臂长53	+4	57	1.5	臂长20.75	1.75	22.5	0.75
袖隆弧长	臂根围38	+6	44	2	臂根围15	2.5	17.5	1
袖口围	腕围17	+2	19	1	腕围6.5	1	7.5	0.5

4. 公司制单尺寸参考（表 6-8）

表 6-8　公司制单尺寸参考

部位	公制单位/cm				英制单位/in			
	S	M	L	档差	S	M	L	档差
胸围	88	92	96	4	35	37	39	2
腰围	71	75	79	4	28.5	30.5	32.5	2
摆围	92	96	100	4	36	38	40	2
肩宽	37	38	39	1	14.5	15	15.5	0.5
领围	37.5	38	38.5	0.5	14.75	15	15.25	0.25
衣长	57	57.5	58	0.5	22.375	22.625	22.875	0.25
袖长	56.5	57	57.5	0.5	22.25	22.5	22.75	0.25
袖隆弧长	43	44	45	1	17	17.5	18	0.5
袖口围	18.5	19	19.5	0.5	7.25	7.5	7.75	0.25

5. 重点与技巧

（1）后领宽　后领宽＝（颈宽 14cm＋松量 2.5cm）/2，与前领深成正比。领宽尺寸不能偏大，偏大领窝会出现不圆顺现象，影响领型美观。

（2）前领宽　为使前领窝贴身，前领宽通常比后领宽小 0.3cm。

（3）后肩宽　后片应该设计一个 1.5～2cm 的肩省，背部才贴身。为了板型美观，通常采用小肩收省的方法（即前小肩小于后小肩宽），而取消肩省。前小肩与后小肩尺寸之差不可过大，尺寸过大，经车缝后小肩会出现波浪皱纹现象。薄面料宜小一些，厚面料宜大一些，一般在 0.3～0.6cm。

（4）袖窿弧长　一般休闲宽松款式通常取胸围一半尺寸作为袖窿弧长。贴身款式要根据模特臂根围加放松量来设计，一般在臂根围尺寸上加 4～6cm，也可以取胸围一半减 0.5～2cm 作为袖窿弧长。

（5）前袖窿深　袖窿深是个灵活的尺寸，不与胸围成固定比例。袖窿深与款式风格、袖窿弧长、面料有无弹力、肩斜度以及胸围放松量等相关。如同样胸围尺寸的衬衫，因款式风格不同，其袖窿弧长也就不同，袖窿深就会有很大差距。现在市场上流行的有弹力面料，弹力大的面料，胸围放松量小一些；弹力小的面料，胸围放松量大一些。胸围大小不同，袖窿深就不同，袖窿弧线弯度凹势也就不同。以上这些因素都会影响到袖窿深，在设计袖窿深之前，首先要设计袖窿弧长。袖窿深尺寸一般为袖窿弧长的一半。

（6）背长（后腰节线）　背长是指人体第七椎点至腰围线的长度，是一个固定的数值，在板型制作中变化很小，通常在制作板型时以背长尺寸为准。为了适应大多数体型，有时会加 0.5～1.5cm 的松量。我国及东南亚国家的体型，背长约占身高的 25.5%（即身高为 163cm，背长为 38cm）。在制作欧美及其他国家或地区的体型板型时，先要参考其国家或地区的体型来制板，适当调整背长数据。

（7）胸长（前腰节线）　胸长是个灵活的尺寸，随胸省大小（乳房大小）而变化，同时还与板型制作方法及面料弹力大小有关。因款式需要，为使前袖窿贴身，通常采用袖窿设暗省的处理方法，即减短 0.5～1cm 前袖窿弧长，这样胸长尺寸也会减短0.5～1cm。

（8）腰长　腰长是指腰节线至臀围线的长度，是一个固定的数值，随身高不同而变化。贴身衬衫其衣长设计大都在臀围线以上，制板时要先制作出臀围线，然后定出衣长（切去衣服长度以下至臀围线部分纸型）。

（9）胸省　胸省是根据乳房大小以及造型来设计的，我国及东南亚国家体型，宽松、休闲的款式，其侧缝省一般采用 2～2.5cm；贴身款式，其侧缝省一般采用 3cm。乳房偏大的少女体型，其侧缝省一般采用 4cm（不含前中转向胸省的量）。

（10）前腰省　前腰省不宜过大，通常在 2cm 之内，尺寸过大胸部会出现不平顺的现象，特别是将胸省转到腰省的板型。除贴身款式，胸腰差在 13cm 之内，不设前腰省。上半节省长距 BP 点一般不少于 3cm，当前腰省尺寸偏大，距 BP 点可以少至 2cm。下半节省长一般距臀围线不能少于 5cm，当前腰省尺寸偏大，可以相应长一些。为了省线美观，通常偏向侧缝 1～2cm 制板，不会正对 BP 点画腰省。

（11）后腰省　后腰省尺寸要根据胸腰差来设计，同时还要考虑款式造型，如后中破开的款式，由于后中可以设暗省，后腰省尺寸可小些。一般胸腰差为 18～20cm，腰省尺寸采用 2.5～3cm；胸腰差为 13～16cm，后腰省尺寸采用 2～2.5cm；后中破开的款式后中可以设暗省 1cm 左右，要适量减小后腰省尺寸。后腰省上节省长应该说是一个固定的数值，它与胸围线高低（袖窿深线）无关，与省大小有关，省大则画长 1～2cm，省小则画短 1～2cm。上节省长通常在 14cm 左右，下节省长也一样，但省尖点距臀围线一般不能少于 4cm。

(12) 衣长 衣长尺寸应该以后中长为标准,不能以前片总长为标准,因为乳房部位会影响前片尺寸的标准性。乳房偏大,前长则长;乳房偏小,前长则短。但多数企业为了方便测量,通常以前片总长定标准。衣长是根据款式造型、风格来设计的;一般贴身款式服装的衣长至臀围线以上,不要低于臀围线。

(13) 袖长 长袖以臂长(肩端点至腕围线)加松量为标准,一般长袖衬衫采用臂长 53cm+7cm 松量。中袖以肘长加松量为标准,一般中袖衬衫采用肘长 30cm+10cm 松量,中袖长不宜设计在肘长长度位置,因为肘长位置是运动点,会影响手臂活动及美观。短袖长是根据服装款式造型、风格来设计的,现代短袖宜短不宜长,一般在 18cm 以内。

(14) 袖口 衬衫袖口有两种,一种是敞袖口,另一种是扣袖口。敞袖口采用掌围加松量,一般以掌围 21cm 加 2~5cm 松量。扣袖口采用腕围加松量,一般以腕围 17cm 加 2~3cm 松量。

(15) 袖宽 袖宽在一些企业中也叫袖肥。袖宽是一个重要的部位,采用尺寸要适中,尺寸过小会影响穿着,因为没有修改机会,会给企业带来损失;尺寸过大会影响整个服装造型,特别是品牌服装。一般贴身款式衬衫袖宽松量在 4cm 左右。弹力较大的面料其松量可以小到 2cm。

(16) 袖山 袖山与袖窿弧长成一定比例。松身衬衫袖窿弧长 46cm,袖山宜采用 12cm,袖窿弧长与袖山的档差比为 2:0.5,就是说袖窿弧长增加 2cm,袖山增加 0.5cm;袖窿弧长减小 2cm,袖山减小 0.5cm。这个比例是科学有效的数据,可以保持袖子与衣服穿着时的角度,不会因袖窿弧长尺寸而影响袖子与服装穿着时的角度。

6. 女衬衣制图

(1) 选择号型 160/84A (M)。

(2) 制图规格

部位	衣长	胸围	背长	摆围	肩宽	腰围	袖长	领围	翻领	领座
规格/cm	57.5	92	38	96	38	75	57	38	4	3

(3) 制图公式

① 衣长:57.5cm。

② 袖窿深线:23cm。

③ 腰节线:背长+1=39cm。

④ 前领宽:$N/5-0.5=7.1$cm。

⑤ 前领深:$N/5=7.6$cm。

⑥ 后领宽:$N/5=7.6$cm。

⑦ 后领深:2cm。

⑧ 前落肩:5.8:2。

⑨ 后落肩:7:2。

⑩ 前肩宽:$S/2=19.5$cm。

⑪ 后小肩:前小肩+0.5cm。

⑫ 前胸宽：B/6＋3＝18.3cm。

⑬ 后背宽：B/6＋4.5＝19.83cm。

⑭ 前后身宽：B/4＝23cm。

⑮ 前后腰围大：W/2＋省（3）＝21.75cm。

⑯ 前后摆围大：摆围/4＋1＝25cm。

⑰ 袖山高：12cm。

⑱ 袖长：57cm。

⑲ 前袖斜线：前 AH－0.6＝21cm。

⑳ 后袖斜线：后 AH－0.6＝20cm。

（4）制图（图 6-6）

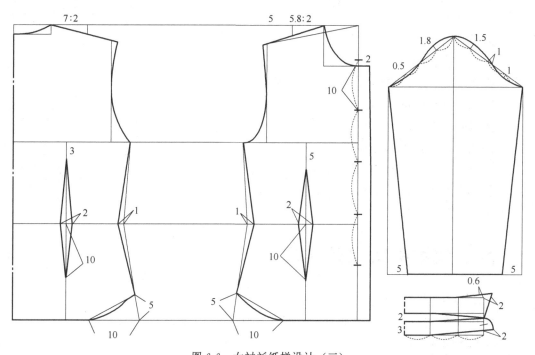

图 6-6　女衬衫纸样设计（三）

七、旗袍样板设计（一）

1. 款式结构

贴身造型，关门领，连袖，收腰省和侧缝省，5 颗纽襻。

2. 面料与辅料

（1）面料　无弹力普通机织面料。

（2）衬料　无纺衬 0.5m。

3. 制图规格和制图公式、制图

（1）选择号型　160/84A。

（2）制图规格

部位	衣长	胸围	腰节	肩宽	领围	袖长	臀围	腰围	臀高
规格/cm	100	88	38	40	36	10	94	70	20

（3）制图公式

① 衣长：100cm。

② 袖隆深线：$B/5+4=21$cm。

③ 腰节线：号$/4-2=38$cm（实测）。

④ 前领宽：$N/5-0.5=6.7$cm。

⑤ 前领深：$N/5=7.2$cm。

⑥ 后领宽：$N/5-0.5=6.7$cm。

⑦ 后领深：2cm。

⑧ 前落肩：5.8：2。

⑨ 后落肩：7：2。

⑩ 前胸宽：$B/6+1=15.6$cm。

⑪ 后背宽：$B/6+1.5=16.1$cm。

⑫ 前后身宽：$B/4=22$cm。

⑬ 前后肩宽：$S/2=20$cm。

⑭ 前后腰围大：$W/2+$省（4）$=21.5$cm。

⑮ 前后臀围大：$H/4=23.5$cm。

（4）制图（图6-7）

八、旗袍样板设计（二）

1. 款式结构

长款贴身造型，关门领，带袖，收腰省和侧缝省，7颗纽襻。

2. 面料与辅料

（1）面料　无弹力普通机织面料。

（2）衬料　无纺衬0.5m。

3. 制图规格和制图公式、制图

（1）选择号型　160/84A。

（2）制图规格

部位	衣长	胸围	腰节	肩宽	领围	袖长	臀围	腰围	臀高
规格/cm	120	88	38	40	36	10	94	70	20

（3）制图公式

① 衣长：120cm。

② 袖隆深线：$B/5+4=21$cm。

③ 腰节线：号$/4-2=38$cm（实测）。

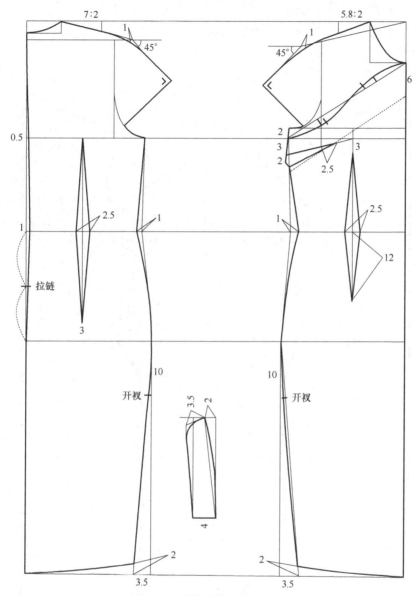

图 6-7　旗袍纸样设计（一）

④ 前领宽：N/5－0.5＝6.7cm。

⑤ 前领深：N/5＝7.2cm。

⑥ 后领宽：N/5－0.5＝6.7cm。

⑦ 后领深：2cm。

⑧ 前落肩：5.8：2。

⑨ 后落肩：7：2。

⑩ 前胸宽：B/6＋1＝15.6cm。

⑪ 后背宽：B/6＋1.5＝16.1cm。

⑫ 前后身宽：B/4＝22cm。

⑬ 前后肩宽：S/2＝20cm。

⑭ 前后腰围大：W/2＋省（4）＝21.5cm。

⑮ 前后臀围大：H/4＝23.5cm。

（4）制图（图6-8）

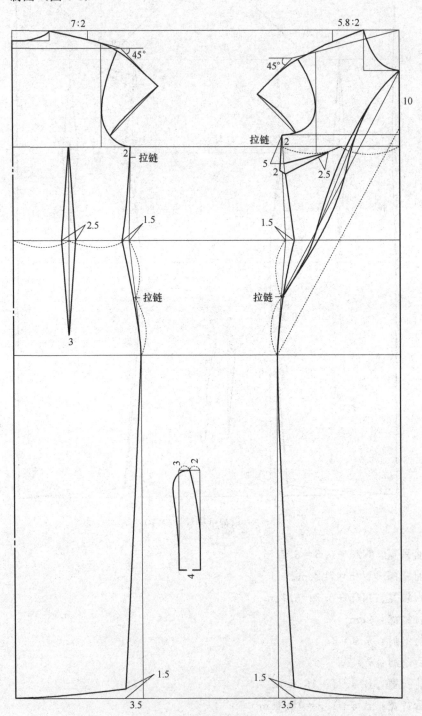

图6-8　旗袍纸样设计（二）

九、旗袍样板设计（三）

1. 款式结构

长款贴身造型，连立领，无袖，前片收腰省和侧缝省，后片收腰省和肩省，5 颗纽襻。

2. 面料与辅料

（1）面料 无弹力普通机织面料。

（2）衬料 无纺衬 0.5m。

3. 制图规格和制图公式、制图

（1）选择号型 160/84A。

（2）制图规格

部位	衣长	胸围	腰节	肩宽	领围	袖长	臀围	腰围	臀高
规格/cm	120	88	38	40	36	10	94	70	20

（3）制图公式

① 衣长：120cm。

② 袖窿深线：B/5＋4＝21cm。

③ 腰节线：号/4－2＝38cm（实测）。

④ 前领宽：N/5－0.5＝6.7cm。

⑤ 前领深：N/5＝7.2cm。

⑥ 后领宽：N/5－0.5＝6.7cm。

⑦ 后领深：2cm。

⑧ 前落肩：5.8∶2。

⑨ 后落肩：7∶2。

⑩ 前胸宽：B/6＋1＝15.6cm。

⑪ 后背宽：B/6＋1.5＝16.1cm。

⑫ 前后身宽：B/4＝22cm。

⑬ 前后肩宽：S/2＝20cm。

⑭ 前后腰围大：W/2＋省（4）＝21.5cm。

⑮ 前后臀围大：H/4＝23.5cm。

（4）制图（图 6-9）

十、女大衣样板设计（一）

1. 款式结构

贴身造型，平驳头西服领，单牙挖袋，前后袖窿公主线，后开衩，两片圆装袖。

2. 面料与辅料

（1）面料 无弹力机织毛料或呢料。

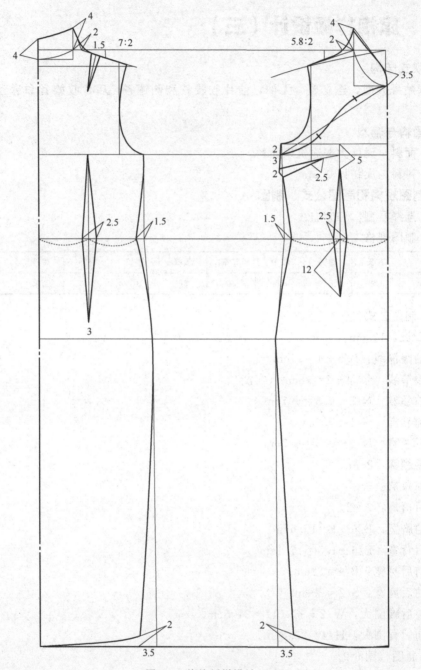

图 6-9　旗袍纸样设计（三）

（2）里料　丝光布。

（3）衬料　无纺衬 0.5m，有纺衬 1m。

（4）纽扣　直径 2.5cm×5 粒，直径 1.6cm×6 粒。

3.制图规格和制图公式、制图

（1）选择号型　160/84A。

（2）制图规格

部位	衣长	胸围	臀围	腰围	肩宽	袖长	袖口	翻领	领座
规格/cm	100	94	88	74	38	56	13.5	5	3

（3）制图公式

① 衣长：100cm。

② 袖窿深线：B/5＋4＝22.8cm。

③ 腰节线：号/4＝40cm（实测）。

④ 臀围线：H/6＝14.6cm。

⑤ 前领宽：B/12＋2＝9.8cm。

⑥ 前领深：B/12＝7.8cm。

⑦ 后领宽：B/12＝7.8cm。

⑧ 后领深：2.5cm。

⑨ 前落肩：5∶2。

⑩ 后落肩：5.8∶2。

⑪ 前胸宽：B/6＋1＝16.6cm。

⑫ 后背宽：B/6＋1.5＝17.1cm。

⑬ 前后身宽：B/4＝23.5cm。

⑭ 前后肩宽：S/2＝19cm。

⑮ 前后腰围大：W/2＋省（5）＝23.5cm。

⑯ 袖山深：AH/3＝15.2cm。

⑰ 袖根肥：AH/2＝22.75cm。

（4）制图（6-10）

十一、女大衣样板设计（二）

1. 款式结构

宽松造型，双排扣，青果领，前后袖窿公主线，插肩袖。

2. 面料与辅料

（1）面料　无弹力机织毛料或呢料。

（2）里料　丝光布。

（3）衬料　无纺衬0.5m，有纺衬1m。

（4）纽扣　直径2.5cm×6粒。

3. 制图规格和制图公式、制图

（1）选择号型　160/84A。

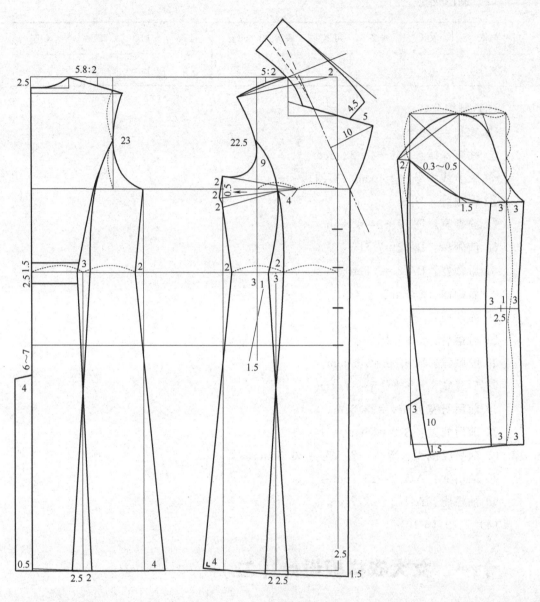

图 6-10　女大衣纸样设计（一）

（2）制图规格

部位	衣长	胸围	腰围	领围	肩宽	袖长	袖口	翻领	领座
规格/cm	100	96	78	38	38	58	14	6	4

（3）制图公式

① 衣长：100cm。

② 袖窿深线：B/5＋5＝24.2cm。

③ 腰节线：号/4＝40cm（实测）。

④ 前领深：N/5＝7.6cm。

⑤ 前领宽：N/5－0.5＝7.1cm。

⑥ 后领宽：N/5－0.5＝7.1cm。

⑦ 后领深：2.3cm。

⑧ 前落肩：5∶2。

⑨ 后落肩：6∶2。

⑩ 前胸宽：B/6＋2＝18cm。

⑪ 后背宽：B/6＋3＝19cm。

⑫ 前后身宽：B/4＝24cm。

⑬ 前后肩宽：S/2－1＝18cm。

⑭ 前后袖山高：15cm。

⑮ 驳口基点：领座 2/3＝2.6cm。

⑯ 翻领松度：（翻领－领座）/2＋2＝（6－4）/2＋2＝3cm。

（4）制图（图 6-11）

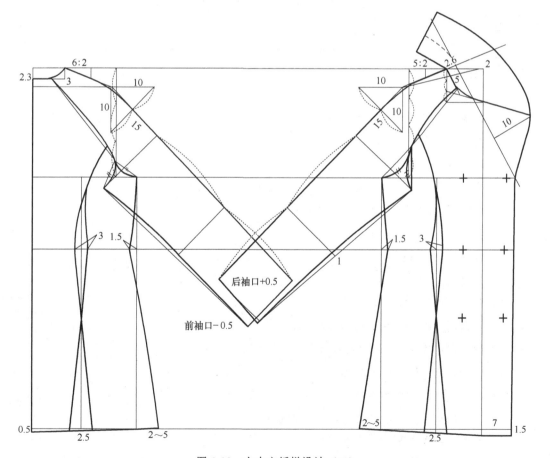

图 6-11　女大衣纸样设计（二）

十二、女大衣样板设计（三）

1. 款式结构

长款贴身造型，单排扣戗驳头西服领，贴袋，前片双腰省，前后袖窿公主线，衣长在膝围线下，两片圆装袖。

2. 面料与辅料

（1）面料　无弹力机织毛料或呢料。

（2）里料　丝光布。

（3）衬料　无纺衬 0.5m，有纺衬 1m。

（4）纽扣　直径 2.5cm×5 粒，直径 1.6cm×6 粒。

3. 制图规格和制图公式、制图

（1）选择号型　160/84A。

（2）制图规格

部位	衣长	胸围	臀围	腰围	肩宽	袖长	袖口	翻领	领座
规格/cm	120	94	88	74	38	56	13.5	5	3

（3）制图公式

① 衣长：120cm。

② 袖窿深线：$B/5+4=22.8cm$。

③ 腰节线：号$/4=40cm$（实测）。

④ 臀围线：$H/6=14.6cm$。

⑤ 前领宽：$B/12+2=9.8cm$。

⑥ 前领深：$B/12=7.8cm$。

⑦ 后领宽：$B/12=7.8cm$。

⑧ 后领深：2.5cm。

⑨ 前落肩：5∶2。

⑩ 后落肩：5.8∶2。

⑪ 前胸宽：$B/6+1=16.6cm$。

⑫ 后背宽：$B/6+1.5=17.1cm$。

⑬ 前后身宽：$B/4=23.5cm$。

⑭ 前后肩宽：$S/2=19cm$。

⑮ 前后腰围大：$W/2+省（5）=23.5cm$。

⑯ 袖山深：$AH/3=15.2cm$。

⑰ 袖根肥：$AH/2=22.75cm$。

（4）制图（图 6-12）

图 6-12　女大衣纸样设计（三）

参 考 文 献

[1] 吴俊. 女装结构设计与应用 [M]. 北京：中国纺织出版社 , 2000.

[2] 刘瑞璞. 服装纸样设计原理与应用 [M]. 北京：中国纺织出版社, 2008.

[3] 侯东昱. 女装结构设计 [M]. 上海：东华大学出版社, 2013.

[4] 袁亮. 香港高级女装技术教程 [M]. 北京：中国纺织出版社, 2007.

[5] 余国兴. 服装工艺基础 [M]. 上海：东华大学出版社, 2008.

[6] 戴鸿. 服装号型标准及其应用 [M]. 北京：中国纺织出版社, 2009.

[7] 张文斌. 服装工艺学 [M]. 北京：中国纺织出版社, 1993.

[8] 张文斌. 服装制板基础篇 [M]. 上海：东华大学出版社, 2012.

[9] 许涛. 服装制作工艺——实训手册 [M]. 北京：中国纺织出版社, 2007.

[10] 吴铭, 张小良, 陶钧. 成衣工艺学 [M]. 北京：中国纺织出版社, 2002.

[11] 中屋典子, 三吉满智子. 服装造型学技术篇 2 [M]. 北京：中国纺织出版社, 2004.

[12] 马嵩甜, 许幼敏. 成衣万能制板实用技艺 [M]. 上海：上海科学技术出版社, 2012.

[13] 张华, 匡才远. 服装结构设计与制板工艺 [M]. 南京：东南大学出版社, 2010.

[14] （日）文化服装学院. 服饰造型讲座 2：裙子·裤子 [M]. 上海：东华大学出版社, 2006.